职业教育餐饮类专业教材系列

四川省精品课程配套教材

快餐产品设计与制作

（修订版）

何江红　主编

科学出版社

北　京

内容简介

快餐产品设计与制作是快餐工作者应该掌握的重要技能，能否把传统烹饪与食品科学有机结合，将传统食品转化为快餐食品，满足现代快餐的操作标准化、配送工厂化、连锁规模化和管理科学化的要求，成为快餐产品制作的关键点。本书主要阐述了快餐产品设计要点、制作方法、质量要求、直接成本控制、包装设计、快餐机械、新产品研发等内容。本书观点新颖，取材丰富，部分案例及图片由我国知名快餐企业提供，实现了教学内容、教学方法与行业发展的接轨，及时反映了快餐生产和研究中的最新动向。

本书不仅适用于餐旅管理与服务类专业的学生，还适用于高职教育和从事快餐制作与研发工作的实际操作人员，而且对个人学习和行业培训也具有实际参考价值。

图书在版编目(CIP)数据

快餐产品设计与制作/何江红主编. —北京：科学出版社，2010.4
(职业教育餐饮类专业教材系列·四川省精品课程配套教材)
ISBN 978-7-03-026909-6

Ⅰ.①快… Ⅱ.①何… Ⅲ.①预制食品-食谱-高等学校-教材
Ⅳ.①TS972.15

中国版本图书馆 CIP 数据核字（2010）第 037016 号

责任编辑：沈力匀/责任校对：柏连海
责任印制：吕春珉/封面设计：耕者设计工作室

科学出版社出版
北京东黄城根北街 16 号
邮政编码：100717
http://www.sciencep.com

铭浩彩色印装有限公司 印刷
科学出版社发行 各地新华书店经销

*

2010 年 4 月第 一 版 开本：787×1092 1/16
2020 年 8 月修 订 版 印张：15
2021 年 3 月第十次印刷 字数：356 000

定价：45.00 元

（如有印装质量问题，我社负责调换〈铭浩〉）
销售部电话 010-62134988 编辑部电话 010-62135235（VP04）

版权所有，侵权必究

举报电话：010-64030229；010-64034315；13501151303

序　言

近年来，高等职业教育受到世界各国的普遍重视，我国的经济建设也越来越凸显出对技术应用型和高技能人才的需求。为此，我国将发展高等职业教育作为实现我国优化人才结构、促进人才合理分布、推动经济建设的战略措施。为满足社会对技术应用型和高技能人才的需求，我国的高等职业教育近几年实现了跨越式发展，办学规模不断扩大，办学思路日益明确，办学形式日趋多样化，取得了显著的办学效益和社会效益。

中国的高等职业餐旅管理与服务类专业教育，一方面，尽管在20世纪80年代才形成规模发展，但积累了许多成功的经验；另一方面，由于起步晚、基础差，在发展中还存在不少问题，主要集中在四个方面：第一，培养目标不够明确；第二，课程体系不够科学；第三，教学方式比较落后；第四，教学设施明显不足。

中国高等职业餐旅管理与服务教育要实现可持续发展，需要树立以市场为导向的新思维，实现观念上的四大结合：第一，实现服务社会与市场的结合；第二，实现学科建设与市场的结合；第三，实现追求规模与追求规格的结合；第四，实现政府供给与社会供求的结合。以实现在优化人才培养机制、优化专业和课程设置、优化教学内容和教学过程、改革教学管理等方面有所创新。

教材建设是优化教学内容和教学过程、提高高等职业餐旅管理与服务类专业教育教学质量的重要环节，而如何打破传统的教学内容和教学方法，使之适合高等职业教育的特点，更是迫切需要进行深入研究和实践的。

“高职高专餐旅管理与服务类专业”系列教材是2006～2010年教育部高等学校高职高专餐旅管理与服务类专业教学指导委员会组织一批双师型的教师，在对当前高职高专餐旅管理与服务类专业的教材和教学方法、教学内容进行充分调查研究、深入分析研究的基础上编写的。本套教材以理论知识为主体，以应用型职业岗位需求为中心，以素质教育、创新教育为基础，以学生能力培养为本位，力求突出以下特色：

（1）理念创新：秉承“教学改革与学科创新引路，科技进步与教材创新同步”的理念，根据新时代对高等职业教育人才的需求，体现教学改革的最新理念，使本套教材内容领先、思路创新、突出实训、成系配套。

（2）方法创新：摒弃“借用教材、压缩内容”的滞后方法，专门开发符合高职特点的“对口教材”。在对职业岗位所需求的专业知识和专项能力进行科学分析的基础上，引进国外先进的课程开发方法，以确保符合职业教育的特色。

（3）特色创新：加大实训教材的开发力度，填补空白，突出热点。对于部分教材，提供“课件”、“教学资源支持库”等立体化的教学支持，方便教师教学与学生学习。对于部分专业，组织编写“双证教材”，注意将教材内容与职业资格、技能证书进行衔接。

（4）内容创新：在教材的编写过程中，力求反映知识更新和科技发展的最新动态。将新知识、新技术、新内容、新工艺、新案例及时反映到教材中来，更能体现高职教育专业设置紧密联系生产、建设、服务、管理一线的实际要求。

我们相信在2006～2010年教育部高等学校高职高专餐旅管理与服务类专业教学指导委员会专家的指导下，在广大教师的积极参与下，这套餐饮管理与服务类专业系列教材，一定能为我国餐饮服务与管理行业培养出适用的新型人才。

2006～2010年教育部高等学校高职高专
餐旅管理与服务类专业教学指导委员会
科学出版社

前　言

快餐是食品科学与传统烹饪相结合的产物，是社会进步和经济发展到一定阶段的产物，有着巨大的市场潜力。现代快餐的特征是标准化品种、工厂化生产、连锁化经营和统一的科学化管理。快餐品种是快餐业发展的基础和前提，现代快餐正处在由传统餐饮产品向快餐产品转化，即“快餐化”的过程中。

为了适应快速发展的快餐业，本书内容立足于快餐企业的实际需求，结合“快餐产品设计与制作”课程内容，强调提高实际能力，满足职业岗位需求，力求体现快餐的科学性与实用性的统一。本书不仅适用于餐旅管理与服务类专业学生，还适用于高职教育和从事快餐制作与研发工作的实际操作人员，也可作为个人学习和行业培训用书。

全书共分为九章，具体包括：第一章快餐概述；第二章快餐产品安全与质量控制；第三章快餐产品设计；第四章快餐产品直接成本控制；第五章快餐机械设备特点；第六章快餐产品的包装设计；第七章中式快餐产品的制作；第八章西式快餐产品的制作；第九章快餐新产品的研发。书中部分案例及图片来自我国知名快餐企业，具有很高的实用价值。

本书由何江红担任主编并统稿总纂，蔡钦安、葛惠伟担任副主编。其中何江红编写第一章、第三章、第七章，肖岚编写第二章，蔡钦安、葛惠伟编写第四章，朱莉编写第五章，刘彪编写第六章，吉志伟编写第八章，高敬严编写第九章。

在本书编写过程中，得到了四川烹饪高等专科学校的各级领导、深圳面点王饮食连锁有限公司、北京和合谷快餐管理公司、丽华快餐有限公司、大连亚惠快餐公司、三商餐饮管理（上海）有限公司、上海茶矿餐饮有限公司等单位的关心与支持，在此，对他们表示衷心地感谢！

由于时间仓促，加之编者水平所限，书中的内容和编排难免存在不足之处，敬请专家和广大读者提出宝贵意见。

目　录

第一章　快餐概述…… 1

第一节　快餐的定义及本质特征…… 2

第二节　传统产品的快餐化…… 5

第三节　快餐市场类型…… 8

第二章　快餐产品安全与质量控制…… 17

第一节　概述…… 18

第二节　快餐产品安全与质量控制…… 20

第三节　快餐企业质量与安全管理体系的建立…… 31

第三章　快餐产品设计…… 39

第一节　快餐产品设计的特点…… 40

第二节　快餐产品设计的关键因素…… 41

第三节　快餐生产工艺体系…… 48

第四章　快餐产品直接成本控制…… 56

第一节　快餐产品直接成本控制内容…… 57

第二节　快餐产品直接成本控制方法…… 61

第五章　快餐机械设备特点…… 76

第一节　中式快餐机械设备…… 77

第二节　西式快餐机械设备…… 86

第三节　其他快餐设备…… 89

第六章　快餐产品的包装设计…… 96

第一节　快餐产品包装的特点…… 97

第二节　快餐产品包装的要求…… 100

第三节　快餐产品包装的发展趋势…… 103

第七章　中式快餐产品的制作…… 109

第一节　概述…… 109

第二节　中式快餐主食的制作…… 110

第三节　中式快餐菜品的制作…… 116

第四节　中式快餐汤、粥的制作…… 129

第五节　中式快餐小吃的制作…… 133

第八章　西式快餐产品的制作……145
第一节　概述……145
第二节　主餐类产品制作……149
第三节　配餐类产品制作……161
第四节　饮料类产品制作……163
第九章　快餐新产品的研发……168
第一节　快餐新产品的研发概述……168
第二节　快餐新产品的研发流程……173
附录……181
附录一　与快餐行业相关的专业术语……181
附录二　与快餐行业相关的政策法规……185
附录三　与快餐行业相关的质量安全管理控制体系……208
附录四　全国餐饮业发展规划纲要……216
附录五　2008～2009年中国快餐企业表彰名单……225

主要参考文献……228

第一章 快餐概述

(1) 掌握快餐的基本概念及特点。

(2) 掌握传统食品快餐化方法。

(3) 中式快餐市场类型及特点。

总部位于洛杉矶的熊猫快餐集团是美国最大的中餐企业，名列全美餐饮企业的第80名，是1973年陈振昌先生由日本移民到美国后创建的。熊猫快餐店有两种形式，一种是专业快餐店，一般200m^{2}左右，一种是开在购物中心内的快餐店，一般是80～100m^2。在传统食品快餐化方面，享誉世界的全美最大中餐连锁企业熊猫快餐（Panda Express），充分吸收了西方的先进经验。其菜品的原料加工都由加工商预先完成，再由配送公司送到各个分店。菜肴烹调完全是标准化的，所有调料都按配方事先备好，装在固定的容器内，随用随取。熊猫快餐主要经营业务是在快餐厅内提供新鲜制作的高品质食物，熊猫快餐的主要特点见表1.1所示。

表1.1　熊猫快餐的主要特点

主要特点	具体表现
现炒现卖	每道菜现点现做，保证饭菜的新鲜、营养和热腾腾的感觉
堂吃、外卖兼营	以快餐店的高效率，提供比快餐品质更全面的日常外卖服务
价格合理	价格适应大众要求经济实惠的日常饮食消费需求

因此熊猫餐厅在食物新鲜、快捷方便、价格实惠三方面都占有优势，也迎合了美国主流社会消费者希望彻底从厨房中解放出来的思想。

由于供应对象是以美国人为主，有的品种在保留中餐制作方法的基础上，进行了味道上的调整，逐步迎合了美国人普遍喜欢“甜酸味又略带一点辣”的独特口味要求，才使得越来越多的美国食客迷上如同“旧枝发新芽”的“美式中餐”，其产品大都受到客人的好评。以美味食品、优质服务、洁净安全为宗旨，致力于中国传统食品和地方特色食品的快餐化工作，在创造自身经济价值的同时，也在不断追求企业的社会价值最大化。

熊猫公司有一句广告词："在中古时代，欧洲混战，美国还以石器为主，中国人就在研究炒好吃的菜了！"熊猫快餐正在为中式快餐的发展摸索一条成功之路。

(1) 传统烹饪技术与食品科学的关系。

(2) 中西式快餐的几种业态特点。

(3) 中式快餐的本质特征。

(4) 传统食品的快餐化原理。

(5) 中式快餐市场的类型及特点。

第一节　快餐的定义及本质特征

快餐是社会进步和经济发展到一定阶段的产物。随着社会经济发展和人民生活水平的不断提高，人们的餐饮消费观念逐步改变，外出就餐更趋经常化和理性化，选择性增强，对消费质量要求不断提高，更加追求品牌质量、品位特色、卫生安全、营养健康和简便快捷。现代快餐的操作标准化、配送工厂化、连锁规模化和管理科学化的理念，目前已被广为接受和认同，对全行业的推动与带动作用不断突出，为社会和行业发展做出了积极的贡献。

1987年美国肯德基有限公司在中国开业，引发了中国快餐业的发展，快餐业成为新的经济增长点，被社会各界及海内外广泛关注，成为企业投资的热点。近几年，中国乃至世界的快餐业正处于大力发展时期。

中国快餐发展到今天，快餐市场逐渐成熟，已经从卖方市场到买方市场，由于同一品牌及不同品牌、不同国家及不同国家快餐店总量和结构的增长，使消费者有了更多的选择，市场格局出现变化。目前，世界知名品牌遥遥领先，全国知名品牌紧追其后，各地小快餐店遍地开花，社会对快餐市场的形成与发展产生共识，现代文明将许多消费者从盲目的攀比中挽救出来，在社交中，从传统的重视饮食转变到将饮食作为一种情感的交流方式，人们对时间的价值有了重新的认识，更加注重餐饮的品尝性、营养性，快餐业已被社会大众普遍接受。

中式快餐是社会进步与经济发展到一定阶段的必然产物，品种是快餐业开发的基础和前提，中式快餐的品种开发突出制售快捷及饮食品种丰富多样的特点。目前一般的中式快餐仍然停留在传统的手工操作和小批量生产的水平上，严格来讲并不是真正的现代

快餐。

近年来，快餐消费市场与供应市场已基本形成，在沿海与内陆的一些大中型城市、旅游城市和经济较发达地区，快餐已成为出差、旅游、商务往来等流动人口和工薪阶层、学生以及人们在外活动就餐不可缺少的一种需求。随着快餐业的发展，各种各样的快餐纷纷涌出，常见的快餐形式见表1.2所示。

表1.2 常见的快餐形式

分类依据	不同快餐形式
店面形式	连锁店、社区店、便餐店与送餐、外卖、小吃广场等
服务对象	流动人口、外出人口、单位后勤、家庭厨房等
不同业态	团膳快餐与商膳快餐等
品种结构	餐饮成品、半成品、快餐食品等

在现代人的生活中，适应时代发展、符合人们意愿的快餐食品正逐渐崭露头角，并且已经深入到广大消费者的一日三餐中。快餐食品以其方便快捷等优点渗入到各行各业的人群中，深受广大人民群众的喜爱。

一、快餐的定义

（一）中国快餐的定义

什么是快餐？我国著名的科学家钱学森认为："什么是快餐？快餐就是烹饪的工业化，把古老的烹饪操作用现代科学技术和经营管理技术变为像工业生产那样组织起来，形成烹饪产业，这是人类历史的革命。"

2005年最新的《现代汉语词典》修订本对"快餐"是这样解释的：预先做好的能够迅速提供顾客食用的饭食，如汉堡包、盒饭等。

1997年国内贸易部颁发的《中国快餐业发展纲要》首次对快餐的定义是：快餐是为消费者提供日常基本生活需求服务的大众化餐饮。

（二）国外快餐的定义

在欧洲，大部分国家沿用了美国对快餐的定义，即移植了美国快餐的生产服务体系，食品种类也没有更多的创新变化。"快餐食品"是具有特殊属性的食品。它与小吃、休闲食品、方便食品有实质的区别。

它对应于英语：除Fast foods外，还有Snack bar、Snackery、Fast food restaurant；法语：Repas rapide、repas leger、Casse-crouteim Snack bar；意大利语："Fast food"；德语："Schnellimbiβ"；日语：ファ-ストフ-ド。而"现代快餐"则决非一种简单的食品种类，它所涵盖的是一个比较科学的现代生产服务体系，即通过工厂化生产方式、现代化的经营管理手段，使快餐食品作为标准化的商品实现其满足大众日常饮食需求的价值。

（三）中西式快餐的不同特征

以肯德基、麦当劳为代表的国际快餐品牌企业在我国迅速扩张，发展速度明显加快，由于中西方饮食习惯的巨大差异，中式快餐和西式快餐有着许多不同的特征，其不同特征见表1.3所示。

表1.3　中式快餐和西式快餐的不同特征

快餐类型	市场定位	品种数量	标准化	加工方式	经营方式	就餐环境	服务速度
中式快餐	普通百姓	数量繁多	标准化程度低	机械化程度低	单店经营为主	不理想	速度较慢
西式快餐	年轻人	一般十几种	标准化程度高	机械化程度高	连锁经营为主	干净明亮	方便快速

目前许多中式快餐在学习西式快餐，在很大程度上已经超越了传统中式快餐的基本模式，用西式快餐的机械化制作置换了中式快餐的手工制作，用西式快餐的就餐环境置换了中式快餐的就餐环境。同时，在产品风格和结构上也趋向西式快餐，在产品本身基本上做到“中式为馅”，在其他附加元素层面上做到“西式为皮”，全面转变了中式快餐的消费方式，多重价值的差异化使其形象深深烙进了快餐消费者的生活和记忆中。

二、快餐的本质特征

在外流动人口、团体单位供餐和家庭厨房是餐饮业的三大服务领域和空间，也是快餐市场需求的主要构成。随着餐饮消费市场多样化的特点，餐饮消费需求将更加追求个性和特色，市场竞争也将更趋激烈，快餐行业发展中的业态多元化、市场细分化和特色个性化的趋势增强。

从快餐的社会需求、市场定位、服务特征与发展条件与模式等方面看，快餐不同于正餐酒楼，两者的消费动机、市场定位和就餐要求有着较大的区别。正餐酒楼的特征更多地是以满足人们社交性、改善性消费为主；快餐是以满足人们的生活基本就餐需求为主，就餐目的更多地体现出消费的基本性和被迫性。

现代快餐是以提供低价位的品种和服务为主，坚持大众基本消费的市场定位，其基本特征是：制售快捷、食用便利、质量标准、服务简便、营养均衡和价格低廉等，更多地表现在社会的基本必需性、消费的大众普及性、服务的简便快捷性和经营价位的低廉物美性。

现代快餐是建立在工业化社会的基础上，它的特征是标准化品种、工厂化生产、连锁化经营和统一的科学化管理。快餐连锁餐厅要求消费者在任何一家餐厅就餐，都能享受到相同品质口味的美味食品。西式快餐经过几十年的发展，已在全球形成规模和市场，而且其现代化的生产方式，产品质量及服务的统一标准，符合生活快节奏的人们对

快捷就餐方式的需求，给人们带来许多方便，奠定了自己在市场上的地位。

快餐企业靠单店和店少生存难度大，经营发展的挑战性强，同时大多数快餐由于受传统的手工操作随意性的影响，对菜品制作没有明确的快餐化要求，标准化程度不高，因此生产运行起来不确定因素太多，致使产品质量不稳定。即便是单个餐厅都很难稳定经营，要搞连锁经营就难上加难了，这种模式体现不出快餐高效率的管理特点。

第二节 传统产品的快餐化

传统食品的快餐化是指以传统食品为基础，将食品科学向餐饮业渗透，应用现代科学技术、先进生产手段、现代化管理方法，以定量代替模糊，以标准化代替个性，以机械代替手工，以连续化生产方式代替间歇化生产，生产出符合市场要求的快餐产品的过程。现代快餐以快捷、简便、营养的特点适应了现代人的需求。

现代快餐产品从生产到出售可以分成十步骤，其中食品加工业占六成，零售业占四成。现代快餐中的食品加工具有定性定量的特点，从原料、辅料的选配，到烹制成品的过程，都有严格的标准，随着现代高新技术引入厨房，许多产品的加工实行了机械化或半机械化生产，使产品达到质量的统一。

品种是快餐业开发的基础和前提，快餐的品种开发突出一个制售快捷及饮食品种的丰富性和多样性的特点。现代快餐正处在由传统餐饮产品向快餐产品转化及“快餐化”的过程中，很多产品还没有完成快餐化的过程。随着社会经济的发展，一部分传统产品要向现代快餐过渡，这是时代发展的必然结果。

一、传统食品快餐化原理

从科学的角度看，快餐食品是烹饪科学与食品科学结合的产物，是食品科学向餐饮业渗透，烹饪走向科学化、工业化的必然产物，是两者相互结合与渗透的产物，以实现烹饪社会化为目的。现代快餐生产方式是以分工为基础，将每一个生产过程科学地、合理地分解成若干项简单工序，实现传统食品的快餐化操作，传统餐饮的快餐化过程见图 1.1所示。

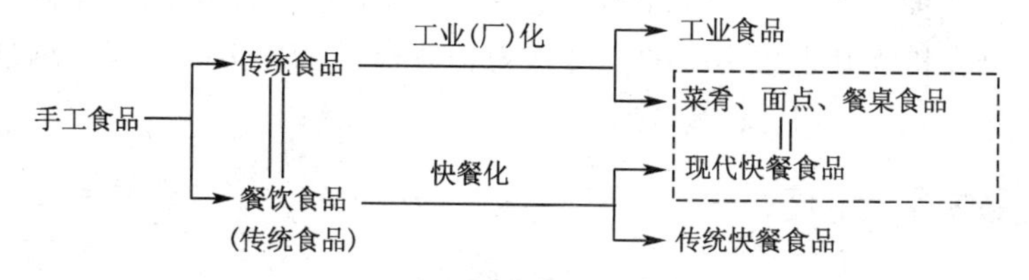

图 1.1 传统餐饮的快餐化过程

二、传统食品快餐化

（一）传统烹饪特点

传统的中式食品种类繁多，工艺复杂，制作过程极具个性化，专业术语的表达比较模糊，加上烹饪技术的私有性等原因，导致了快餐制作过程很难用指标化的文件加以限定。传统烹饪绝大部分生产由人工进行操作，标准化程度低，重点展示厨师的个人技艺，常常有“少许”或“适量”之类的话，这种模糊性为厨师提供了发挥创造的空间，使菜肴各具特色。同时在营业过程常出现一些问题，如饭菜质量不稳定，卫生不过关、质量波动大等状况，从而影响整个企业的声誉。另外，烹饪原料的前期处理也并未作为一个行业独立出来，仍然是厨师“一把菜刀打天下”的局面，从而影响餐饮业的快速发展。

快餐业的现场操作要求简单化的特点也决定了传统食品快餐化的必要性。在快餐经营中，若在有限的空间塞进过多的利益点，经营过多品种或过多品种系列的模式，很难保证产品品质及速度，经营者为此要付出代价。因此中式快餐品种不可能太复杂，否则就难以保证食品的新鲜度、产品的鲜明特征及制售快捷的特点。

（二）现代快餐化产品的形式

现代快餐是社会经济和生产力发展到一定阶段的产物，现代快餐生产的产品主要表现在以下两方面：

（1）现代快餐化产品是直接的标准化快餐食品，其所形成的产业是快餐业。这类产品最终的服务对象是各个快餐连锁店。其产品绝大部分都是在其中央工厂（配餐中心）集中加工生产出来的标准化的成品或半成品，然后配送到各个连锁分店进行简单的加工即可。

（2）现代快餐化产品是半成品或成品的标准化产品，实现的目的是烹饪的社会化。随着家庭厨房社会化，这类产品的需求量日益增大，其最终的服务对象是大型超市或社区超市的普通市民，为市民的一日三餐提供方便、卫生、快捷的成品或半成品，其市场潜力巨大，目前在大连、北京、深圳等大城市的快餐企业已经开始在利用其加工、配送上的优势，逐渐在扩大其配餐中心的作用，为企业提供了更多的市场，增加了生产量，创造了更大的价值。

三、传统食品快餐化的意义

（一）避免厨师个人因素造成产品质量的不稳定

为了快餐的正常营运及快速发展的需求，传统食品在现代快餐中必须实现快餐化。传统食品快餐化在现代快餐中要大显身手，部分快餐产品的制作由厨师个人的直接劳作

变成按标准化生产工艺条件指令控制下的自动或半自动化生产，使传统的厨房变成了一个特殊的食品加工厂。

长期以来，传统食品只凭经验继承来发展，未得到科学论证。因此应对传统食品原材料及加工流程进行科学系统地分析，找出单元操作的特点，选出适合工业化的优良品种，对传统加工工艺进行科学评价，导入现代加工技术，对加工产品的功能性进行系统研究、分析、认证，确立科学配方，进而提高功能性。

（二）体现快餐“快”的特点

目前许多中式快餐相对西式快餐来说速度不够快，顾客排队等候的时间较长，而快餐的卖点就是“时间”及高效率的“服务”。快餐的经营要求企业范围绕“快”字做文章。如果人们就餐等候的时间超过 10～15 分钟，就没有能够达到人们食用快餐节约时间的目的。从快餐企业来说，如果不能加快供餐的速度，就将失去顾客，失去市场。中式快餐如欲与西式快餐争市场，就必须在人员、灶具、饮具和餐具的配备上设法提高用餐高峰时间的供餐速度。

我国许多风味小吃就是中式快餐的前身，如果能充分融合各民族的饮食特色并将之用于中式快餐的发展，那么中式快餐将拥有比西式快餐更为广阔的市场发展前景。

（三）满足快餐企业连锁经营的需求

（1）现代快餐连锁规模经营需要依托标准化操作、工厂化配送、规模化经营和科学化管理的保证。

中心厨房的建立和委托供应商加工配送的方式，与传统食品的快餐化有着密切的关系。为了实现快餐标准化操作，保证快餐批量化生产产品的稳定性、缓解快餐的高投入与低产出之间的矛盾，必须把传统烹饪技术工艺更新，注重适合快餐生产工艺要求的专门设备研究开发力度，加快理论水平、科技应用和产业化进程，提高快餐业的科技含量和质量水平，使快餐发展上一新的台阶。

（2）快餐业的现场操作要求简单化的特点也决定了传统食品快餐化的必要性。

在进行传统食品快餐化之前，首先要对传统食品进行筛选，筛选出适合快餐特点的品种，根据不同快餐企业的需求来确定其产品或产品组合。在快餐经营中尤其要注意，若在有限的空间中塞进过多的利益点，经营过多品种或过多品种系列的模式，很难保证产品的品质及速度，经营者为此要付出代价。因此快餐品种不可能太复杂，否则就难以保证食品的新鲜度、产品的鲜明特征及制售快捷的特点。

科学技术、生产力的发展，必然带动食品加工手段的变革，必然导致快餐食品的产生，这是食品加工手段变革的必然产物，这是与市场体系不断完善、社会运行节奏的加快、饮食生活的社会化紧密相连的。

第三节　快餐市场类型

快餐市场类型繁多，按消费性质划中式分快餐市场类型是一种普遍运用的主要方法。消费者在不同的时期其消费状态可能不同，居家生活、休闲娱乐、出差旅行、工作间歇等，消费地点、消费方式、消费态度和要求都会有差异，形成可以明确区别和操作的市场。

满足在外流动人口、团体单位供餐和家庭厨房需求是现代餐饮业的三大服务领域和空间，也是快餐市场需求的主要构成。

从近年我国快餐业的发展看，快餐需求走向多样化，快餐企业经营空间不断拓宽，外延日趋扩大，服务领域更加宽广，快餐市场类型及发展趋势见表 1.4 所示。

表 1.4　快餐市场类型及发展趋势

快餐市场类型	发展趋势
快餐连锁店	店态风格更加丰富，连锁经营稳步推进，持续发展
团体供餐	专业公司异军突起，不断发展壮大，成为市场新的亮点
早餐工程	各地纷纷启动，一批快餐连锁企业担当主力，迅速崛起
送餐和外卖	发展势头强劲，市场需求不断增强，前景广阔
家庭快餐	快餐成品、半成品加工能力增强，积极开拓面向家庭的需求服务
休闲快餐（便餐）	开拓创新与延伸经营力度加强，显示我国快餐业发展的生机与活力

快餐产品设计及制作时，在主流消费人群确定后，就应对他们进行全面细致的社会调查，然后对其调查结果进行定性、定量的分析，依据调查结果分析确定其快餐品种及其组合、加工方式、价位高低、营销方式等。

目前我国快餐消费市场与供应市场已基本形成，在沿海与内陆的一些大中型城市、旅游城市和经济较发达地区，快餐已成为出差、旅游、商务往来等流动人口和工薪阶层、学生以及人们在外活动就餐不可缺少的一种需求。

中国快餐市场的经营主体仍然是中式快餐，据有关调查显示，被访的快餐企业中，78.9%为中式快餐店，而 21.1%是西式快餐店。虽然西式快餐日益受到年轻人的欢迎，但是中式快餐仍以其价格优势和在主要消费层次中的口味优势，占据大部分国内快餐市场。中式快餐要想进一步获得长足的发展，就必须选择好自己的目标市场，并针对自己的目标市场展开有效的营销活动。

快餐应根据消费者的特点及需求，开发出适合其口味和消费习惯的快餐食品。筛选出一批为大众所喜爱并适合工业化生产的快餐食品。快餐在注重口味的同时，还应加强对快餐食品营养合理配比的研究，并制订量化指标，以便于实行规范化生产，向工业化发展，增强产品品质的稳定性和一致性，生产出快餐的拳头产品。

目前，一些中式快餐店存在着经营品种过多、特色不突出等问题。经营的品种多，固然可以满足更多消费者在口味上的差异，但多而不精，难以形成优势产品和特色。而西式快餐在产品数量上具有一定的优势，如麦当劳提供的食品品种虽然不多，但基本满足了顾客享用一顿正餐的需求，从餐前的饮料到餐后的甜食均含其中，并对消费者具有独特的吸引力。中式快餐市场按不同的消费人群来分主要分为以下几种：

一、休闲旅游快餐市场

1. 休闲旅游快餐特点

休闲旅游快餐市场是指消费者在旅行途中餐饮消费需求形成的市场，这种类型的快餐市场具有分散性和随机性的特点，是现代快餐业的主要目标顾客，最大的特点是，消费者流动性很大。

2. 休闲旅游快餐要求

休闲旅游快餐市场应在营养、卫生、文化、时效性这四方面紧密结合这一层面上进行研究与设计，休闲旅游快餐要求见表 1.5 所示。

表 1.5 休闲旅游快餐要求

基本要求	主要内容
营养与口味	体现食物的多样性、烹调方法、口味与营养的有机结合
方便快捷、廉价卫生	休闲旅游快餐应为外出旅游人员提供最合理的性价比产品与服务
文化内涵	让游客在就餐之余了解到旅游风景区独特的饮食文化

把旅游和当地餐饮有机地结合起来，形成独具特色的餐饮旅游。让游客在品尝菜肴的同时体验地方特色和景区自身特色，寻找清新淳朴的感觉，了解旅游风景区独特的饮食文化，具有明显的社会效益和经济效益。

休闲旅游快餐市场的发展，可起到拉动内需和繁荣市场的作用，为旅游风景区的餐饮旅游的发展提供重要参考，这对提高企业经济效益，促进旅游产业化和规模化的发展，为社会提供风味独特、绿色健康及营养卫生的旅游套餐，满足旅游及休闲的需要具有重要的意义。

二、家庭快餐市场

1. 家庭快餐特点

家庭快餐主要满足家庭成员在外共同用餐的一种业态，其店铺主要集中在非市中心的郊区或道路干道的出入口和社区。

随着社会的发展，城市生活节奏的加快，越来越多的家庭没有更充裕的时间在家做饭，点餐、送餐服务或一家老小直接到餐厅就餐的需求日趋增加，形成以家庭为核心的餐饮市场，这类市场需求的主要特点是：营养、卫生、可口、快速、价格适中。这种业态的快餐在我国经济比较发达的地区已经初露端倪，家庭快餐市场发展将会成为我国现代快餐企业今后的重要目标市场。

2. 日本家庭快餐特征

日本家庭餐厅在日本已经很普遍、很成熟，在1970年随着日本餐饮产业的起步与快餐业的发展同时发展起来的，是中国快餐值得借鉴的发展模式。在日本伴随着私家车文化的到来，来店就餐顾客的主要交通工具为私家车，家庭餐厅既是满足社区以及一般家庭在外就餐需求的餐饮经营模式，同时又是普通快餐业很难模仿的业态，又与普通快餐业有许多相同之处。

家庭餐厅的菜单种类全，能够满足男女老幼的不同需求，店内开阔明亮，价位略高于普通快餐，但比正餐经济实惠。经营模式是以中央厨房为主体，在中央厨房对全球采购的食品原料进行前期加工后按销售单位分装后配送到各连锁店。在店内只需进行简单地加热和装盘即可提供给顾客，日本家庭餐厅的主要特征见表1.6所示。

表1.6　日本家庭餐厅的主要特征

主要特征	具体表现
店内环境美观而清洁	店铺空间很大具有开放感，但是没有包间。郊区店和社区店都有大型停车场
薄利多销	菜品的价位比较经济实惠，其价格介于正餐与快餐之间，一般有自助的饮料可以任意畅饮（不含酒水）
菜单范围广	不分菜系，既有中餐也有西餐更有日餐。顾客可以根据口味选择到不同菜品，同时还准备有儿童菜单
不必在意用餐礼节	可以使用刀子、叉子或筷子，只要提出要求一般都会得到满足

三、职工快餐（团膳）市场

1. 职工快餐（团膳）特点

长期以来，我国有大量的企事业、行政机关自办食堂，来为职工提供低价午餐的传统，但是由于午餐的品种、口味的原因，职工的意见大，满意度不高等问题。随着社会分工的细化和运营成本的压力增大，使越来越多的企业愿意把这部分工作委托给专业餐

饮管理机构来做，以缓解自身的压力，提高效率和效益，从而形成更具快餐性质、界限清晰的职工快餐（团膳）市场。

职工快餐（团膳）市场最大的特点是，消费人群固定，就餐时间集中，从消费的角度看，这类市场需求品位的要求不会太高，如何针对固定的消费人群设计出价格适中、风味各异，又不会使消费者产生厌烦情绪的快餐产品就显得尤为重要。

2. 我国职工快餐（团膳）发展状况

目前在我国经济比较发达地区的大型企业、外企等，已经出现由企业委托专业餐饮管理机构负责职工的就餐问题，为企业解决后顾之忧，用专业运营解决传统食堂遇到的各项难题，通过降低原材料成本、优化资源配置、集中加工等手段，来提高产品质量，从而真正使企业员工生活水准提高，使企业凝聚力增强。

根据各企业特点的不同，按照档次适中、物美价廉、快速方便、舒适可口的标准来提供一日三餐或者一日七餐（有晚班的企业）的餐饮服务。上班族的午餐供应将成为我国快餐业巨大的潜在市场。我国餐饮百强企业大连亚惠、丽华快餐等就是团膳市场中的佼佼者。

四、学生快餐市场

许多学生的一日三餐，都是在学校食堂里完成的，我国大中小学生总数大约有 1 亿左右，学生快餐市场具备不可估量的潜力。

（一）学生营养午餐状况

在对北京等九个城市的学生营养午餐状况进行调查时发现以下问题：

一是营养餐不大受欢迎；二是营养餐色、香、味欠佳，大多是用从日本进口的生产线制作的大锅饭；三是有无营养难以分辨，因此导致很多学生的午饭吃得不好，而晚上又暴饮暴食，这已经成了一个社会问题。

（二）学生体质与健康状况

一项有关我国学生体质与健康的调研结果显示：全国中小学生营养不良和低体重率为 32.6%，肥胖和超重率为 7.7%，营养正常学生仅占 59.7%。对一些营养餐企业和营养餐食堂中的食谱营养素的分析结果表明，能量、蛋白质比较充足，优质蛋白比例高，铁和维生素 C 的供应量充足，而钙、维生素 B_1、维生素 B_2、维生素 A 的供给不足。

（三）学生食堂经营状况

目前我国许多学生食堂经营状况不容乐观，人多食堂少，就餐时间集中，造成了

吃饭难，无论是在饭、菜质量上，还是用餐环境、服务态度上都很不尽人意。真正的学生营养餐很少，其中掺入过多的利益点，还出现了一些回扣、口味、价格等问题。

（四）学生餐的要求及重要性

1. 学生餐的基本要求

随着市场经济发展的逐步深入，后勤社会化的逐渐实行，学生对餐饮的要求越来越高，不仅要有美味可口、营养搭配合理的饭菜，还要有一流的用餐环境和服务。学生快餐的特点是方便快捷、营养配比合理、符合青少年口味。分为中、小学快餐市场和大学快餐市场，其产品特征、经营方式和价格定位都会有所区别。在学生快餐市场经营过程中，首先需要强调的是食品安全性，这是由其年龄阶段和集中消费所决定的。

营养对少年儿童的生长和发育是十分重要的，如何针对青少年的特点和需求，研制开发中小学生的营养配餐，解除双职工家长的后顾主忧，同时也为中式快餐开辟一个巨大的市场。

目前国内缺少有声望的学生快餐领导品牌，导致青少年对西式快餐的盲目推崇。专家表示，营养健康的概念是中式快餐的核心价值，在学生快餐的设计与制作中显得尤其重要。

2. 学生营养餐的重要性

关于学生营养餐重要性的问题，我国著名营养学专家于若木曾经说，学生营养餐不仅仅是一顿饭，学生营养餐关乎一代人，学生营养餐是一顿不好做的饭，也是必须做好的一顿饭。英国、美国、日本等已经立法出台《学校给食法》以保证学生营养餐的正常经营。

据资料报道，美国传统膳食结构在美国校园的学生快餐中已经有新的变化，为了改善学生餐脂肪含量过高这一营养失衡现象，美国农业部规定：今后，美国全国学校和日托中心由联邦政府补贴的餐饭用豆腐或其他豆制品来代替肉食。在不久的将来，其他一些菜泥、果泥以及从牛奶中提取的乳清蛋白质在学校餐饭中的地位也将有所提高。

五、火车快餐市场

火车是最普通、乘坐人数最多的一种交通工具。当火车这种便捷的交通工具穿梭在大江南北，为信息化的社会越来越缩短着彼此的距离时，车上每位旅客都离不开快餐食品。铁道部实施的全国铁路第六次提速让很多旅客感到振奋，它的大提速

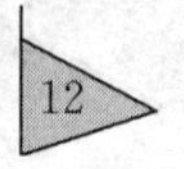

可以给旅客带来更快捷的服务，但随之而来的火车供餐问题成了旅客再次关注的焦点。

（一）火车快餐现状

我们发现，目前相当部分铁路旅客在携带大量行李的同时，还要携带许多方便食品来乘坐火车，这已成为中国铁路客运的一道独特风景，也是大多数旅客们无奈的选择。

随着铁路客运业的快速发展，铁路餐饮的质量及安全问题日益突出，大家对火车快餐共同的感受是质次价高，甚至多次发生旅客食物中毒事件。

众所周知，火车上的食品价格往往比其他地方高出1/3以上。就像人们常说的火车餐饮价格是“暴利特区”，对于常年穿梭于全国铁路线上的旅客的感受颇深。

（二）火车快餐特点

火车快餐是旅行快餐的一种，消费者在乘坐火车旅行中常常会遇到时间及空间的限制，因此对餐饮产品提供的速度会有更高的要求，购买决策时间短和就餐地点的随机性强以及投诉难度相对较大，使消费者更注重食品卫生要求，通常会尽力选择已经习惯和偏好的连锁快餐机构。列车上的旅客是选用快餐概率最高的群体，所以对于快餐公司来说，这是一个很大的快餐市场，火车旅客的消费偏好和消费趋势是我国铁路餐饮经营者应当密切关注和认真研究的内容。

铁路列车餐饮的发展，可以看到任何一种餐饮方式，都要由地面组织和车上服务两部分组成。旅客火车餐饮是一项琐碎而细致的工作，要求必须以明确的形式和严格的制度来保证快餐食品的快捷、方便、价格、卫生、口味及营养等诸多要求。要想彻底解决火车快餐物价虚高问题，首先政府部门必须对火车餐饮的价格实行行政干预，把价格控制在合理的范围内，其次，打破垄断经营，引入竞争机制，切实提高人员服务意识，推行特许经营权，实行公开招标和航空式配餐服务，引入竞争机制，打破独家经营模式，不断降低服务成本和提高服务水平。

着重研究旅客对火车快餐的看法，提出改革的设想，让铁路餐饮服务形成一种特色文化，吸引更多的旅客来消费真正物美价廉的“火车快餐”，以获得双赢的结果。

（三）国外及台湾地区的火车快餐

欧洲及我国台湾地区的火车餐饮成功的经营模式很值得我们学习和借鉴。在欧洲，西班牙铁路的配餐质量最高。2004年，上海铁路局花重金从西班牙铁路配餐公司请来管理人员和厨师，使中国旅客第一次吃上由西班牙厨师掌勺的京沪特快直达列车的免费“航空快餐”。去年北京某快餐企业成功实现北京—拉萨列车供餐，预示着大众化快餐经营者进站上车进行列车快餐的统一配送供餐服务成为可能。

西式速食抢夺台湾列车快餐市场。麦当劳取得了台湾高雄市区环状铁路列车的餐饮经营权，这就改变了传统的中式盒饭一统台湾列车快餐市场的局面。近年来，在动人的广告及连锁便利商店的积极推销下，西式铁路饭盒大受欢迎。麦当劳的进入，让中式盒饭感受到了来自西式速食的挑战。

从技术层面看，现代快餐发展依赖以科学技术发展为核心的工业化，在快餐产品生产制作上逐渐实现标准化和批量化，由于中餐制作的特殊性，形成较为完整的机械化作业很难，这些都制约着现代快餐向批量化、标准化和企业连锁化发展。

快餐是为消费者提供日常基本生活需求服务的大众化餐饮。“现代快餐”所涵盖的是一个科学的现代生产服务体系。

传统食品的快餐化是指以传统食品为基础，将食品科学向餐饮业渗透，应用现代科学技术，先进生产手段，现代化管理方法，以定量代替模糊，以标准化代替个性，以机械代替手工，以连续化生产方式代替间歇化生产，生产出符合市场要求的快餐产品的过程。

满足在外流动人口、团体单位供餐和家庭厨房需求是现代餐饮业的三大服务领域和空间，也是快餐市场需求的主要构成。快餐需求走向多样化，快餐企业经营空间不断拓宽，外延日趋扩大，服务领域更加宽广。

从科学的角度看，快餐食品是烹饪科学与食品科学结合的产物，是食品科学向餐饮业渗透，烹饪走向科学化、工业化的必然产物。

（1）简述快餐的定义与特征。

（2）简述传统食品快餐化原理。

（3）简述传统食品快餐化的意义。

（4）现代快餐生产的产品主要表现在哪两方面？

（5）按不同的消费人群来分，中式快餐市场可以分为哪几类？

（6）简述快餐市场类型及发展趋势。

肯德基与中式快餐

肯德基全球总部设在美国肯塔基州的路易斯维尔市，是世界上最大的鸡肉餐饮连锁店，1952年由创始人哈兰·山德士先生（Colonel Harland Sanders）创建全球最大的餐饮集团——百胜餐饮集团。

肯德基自1987年在北京前门开出中国第一家餐厅到现在来到中国已经20年了。1987年11月12日，肯德基在北京前门繁华地段设立了第一家餐厅，营业面积达1000平方米。而北京肯德基有限公司也是当时北京第一家经营快餐业的中外合资企业。

正是由于肯德基使用了先进的管理技术、严格的检查制度，才使肯德基确保了产品的质量、服务、卫生及合理的价格能始终如一，满足了顾客的需求并因此而赢得了众多的消费者的青睐，从而创造了不同寻常的成绩，同时推动了中国快餐业的发展。

肯德基在中国之所以取得如此优异的成绩，主要是因为它有一套科学严密的管理系统。这套管理系统中以QSCV为四大管理要素。Q代表优质的产品，S代表友善的服务，C代表清洁卫生的餐饮环境，V代表物超所值。

台湾的铁路盒饭的五种形式

1. 列车上贩卖的传统铁路盒饭

由铁路局自制自销，比较实惠，如排骨盒饭就是其特色商品，一份60元。铁路局适时推出铁路怀旧盒饭，让铁路迷、火车族趋之若鹜，民众甚至彻夜排队，专为回味一下旧时的感受。

2. 在月台上贩售的盒饭

由民间业者制作、贩卖，卤猪肉或三层肉为主菜，每份约50元，最著名的就是福隆盒饭、池上盒饭、关山盒饭等。

目前仅开放了北回线及花东线铁路沿线六个车站的月台盒饭经营权，其中福隆车站月台每年的盒饭兜售权利金就达400万元。

3. 在二等车站候车室贩卖的盒饭

著名的阿里山奋起湖盒饭便是一例。与在月台兜售的盒饭一样，菜色相当传统，一块猪肉搭配青菜、蛋、豆干、黄萝卜等，售价也是50元。盒饭贩卖特许权亦采用竞标方式处理。

4. 连锁便利商店推出的铁路盒饭

不论是原本在火车月台才能买得到的福隆盒饭，或是在东部二等小站才吃得到的凤林盒饭，现在民众不必搭火车，也可以在铁路局台湾33个火车站的“SEVEN-ELEVEN”和莱尔富连锁便利商店买到。

5. 铁路便当就是以“麦当劳”为代表的西式速食

虽然在列车快餐市场上，西式速食是个新兵，但从试卖的三个月来看，简便的西式速食深受旅客喜爱，估计不久就会掀起西式与中式传统铁路盒饭大战。

第二章　快餐产品安全与质量控制

（1）掌握快餐产品安全与质量的基本概念。

（2）掌握快餐产品质量管理的基础知识。

（3）了解快餐企业质量与安全管理体系的建立。

2007年艾永才、诸芸对无锡新区29家快餐加工场所的快餐卫生状况进行了调查，调查结果见表2.1～表2.3所示。

表2.1　29家快餐加工单位卫生情况

调查类别	抽检数量	合格数量	合格率
有无卫生许可证	29家	29家	100%
从业人员有无有效证件	290人	276人	95.2%
防蝇防尘设施是否齐全	29家	26家	89.6%
熟食间有无空调设备	29家	25家	86.2%
有无专用分餐间	29家	21家	72.4%
对分餐人员的手抽检	88人	48人	54.5%
汽车有无冷藏设备	29家	均无	均无

表2.2　29家快餐加工单位所配供的菜肴卫生情况

菜肴类别	抽检数量	致病菌	合格数量	合格率
红烧类	26份	—	22份	84.6%
清蒸类	55份	—	44份	80.0%
油炸类	13份	—	8份	61.5%
冷菜类	12份	—	6份	50.0%
炒菜类	61份	2份	10份	16.4%
合计	167份	2份	50份	53.9%

表 2.3　29 家快餐加工单位使用的食品容器微生物污染情况

用具	抽检数量	致病菌	合格数量	合格率
食品容器	173 件	—	76 件	43.9%
快餐餐具	88 件	—	42 件	48.7%

（1）快餐产品食品安全与质量的基本概念。

（2）构成快餐产品安全与质量保障体系的五个方面内容。

（3）快餐食品安全管理体系在食品链中对组织的要求：ISO9000 质量管理体系、HACCP 食品安全控制体系、SSOP 食品卫生操作程序、GMP 食品生产操作规范体系。

第一节　概　　述

中国有一句老话“民以食为天”，形象地说明了食品对人的重要性，食品质量安全则更是“人命关天”的大事。食品的安全问题关系到人民群众的身体健康和生命安全，关系到经济的健康发展和社会的稳定，食品安全问题历来备受社会各界和政府的关注。随着生活节奏的加快，快餐行业的数量和规模都呈迅猛增加和扩大的趋势。近年来关于快餐食品安全风波受到了相关部门及老百姓的空前关注，从集体中毒到肯德基滤油粉，从苏丹红到瘦肉精等，快餐食品安全问题层出不穷。因此，如何提高快餐食品质量，保障快餐食品安全是当前快餐行业迫切的任务。

一、快餐产品安全与质量的基本概念

（一）快餐产品安全

快餐产品安全的三层含义是：

（1）食物数量的足够，食物数量满足人民的基本需求。

（2）食物质量安全，即食物中有害物质含量对人体不会造成危害。

（3）食物满足人类营养与健康的需要，即从食物中摄取足够的热量、蛋白质、脂肪以及其他营养物质（纤维素、维生素、矿物质等）。

这三个层次反映了随着生产力的发展和人们生活水平的提高，人类对快餐食品安全的需求从量到质的深化，因此不同国家以及不同发展时期，快餐食品安全所面临的突出问题有所不同。

当前发达国家，快餐产品安全所关注的主要是因科学技术发展所引发的转基因原料对人类健康的影响以及快餐烹饪方式安全与否；而我国等发展中国家，侧重的则是市场经济发育不成熟所引发的假冒伪劣、滥用食品添加剂、含有毒有害物质、快餐食品的非法生产经营等问题。因此，快餐食品安全不仅是个法律上的概念，更是一个经济、技术上的概念。

（二）快餐产品质量

快餐产品质量是指快餐食品满足消费者明确的或隐含的需要特性。快餐产品作为商品，其质量也由产品质量、生产质量和服务质量三个方面构成，但快餐食品作为一类特殊商品，在使用和质量上表现出与其他产品不同的特点，快餐食品质量特点见表 2.4 所示。

表 2.4 快餐产品质量特点

快餐产品质量特点	具体内容
食用性	快餐产品是为消费者提供日常基本生活需求服务的大众化餐饮
消费的一次性	一般商品大部分都可以重复使用，而快餐产品为一次性消耗商品
及时性	一般食品的保藏期可以很长，而快餐产品的货架期是非常短的
产品质量的延续性	快餐产品的质量体现在产品生产、加工、运输、储存、销售的全过程

二、国内外快餐食品安全与质量的概况

近年来，世界范围内屡屡发生大规模的快餐食品质量安全事件。

（1）毒油事件：2002 年 3 月 20 日，武汉市卫生防疫站出具送检的“麦当劳废油”检测报告，从报告中看到，送检的废油酸价严重超标，卫生评价报告下方明确标明：根据（2002）检字第 J0275～0277 号理化检测报告，所检三件样品酸价结果均不符合以上标准要求。

（2）“洋快餐”的致癌威胁：世界卫生组织（WHO）公布了一项最新发现：西方人的饮食习惯存在潜在威胁，食物经过煎、烤、烘、焙后含有致癌毒素——丙烯酸氨化物（简称丙毒），部分油炸食物中丙毒含量已超过标准的 400 倍。

（3）洋快餐含盐偏高：2007 年 10 月 19 日，英国一个民间组织发布调查报告称，吃一餐比萨饼、炸鸡等快餐食品摄入的盐分是专家建议每日最高摄盐量的 2 倍多，其含盐量甚至堪比海水。

（4）麦当劳“消毒水红茶”含氯超标：2003 年 7 月 12 日上午，广州两消费者发现麦当劳红茶有极浓的消毒水味道。两杯红茶随即送往中国广州测试分析研究所检测，结果显示：该红茶中氯含量达到 964 毫克/升，为正常含量的 4 倍。

（5）美国大肠杆菌中毒：2006 年 11 月 24 日，纽约男孩泰勒在塔可钟连锁店吃了

三个含有干奶酪和生菜的塔可饼之后，身体出现食物中毒的反应。美国卫生调查员在塔可钟提供的三例绿葱样品中发现了可能致病的大肠杆菌原体。

（6）波黑蛋黄酱中毒：2008年4月，在图兹拉市中心的一家快餐店就过餐的消费者中出现胃疼等食物中毒症状。媒体报道说，造成食物中毒的原因是汉堡包和三明治中使用的蛋黄酱有问题。

（7）中国亚硝酸盐中毒：2008年6月9日下午，在武昌粮道街“楚街坊”快餐店多名学生出现食物中毒的症状，经武昌区疾控中心的检验，“楚街坊”使用的盐有问题，医生初步判断是亚硝酸盐中毒。

（8）中国快餐食物中毒：陈松平等2006年对无锡市2004～2006年食物中毒事故报表中资料进行统计分析。结果该市三年发生快餐中毒事故20起，中毒人数553人，中毒事故原因全部是由微生物引起的。

三、影响快餐产品安全与质量的主要因素

快餐食品是满足大众一日三餐对能量和营养的基本需求，但快餐食品中也可能存在食源性危害。目前国际上一般将食源性危害分为物理性、化学性、生物性三大类。影响快餐食品安全与质量的主要危害及因素见表2.5所示。

表2.5 影响快餐产品安全与质量的主要危害及因素

主要危害	主要因素
农业化学控制物质	抗生素、杀菌剂、饲料添加剂、β-兴奋剂、农药、化肥、除草剂和植物激素
食品添加剂	色素、香精、甜味剂、抗氧化剂、防腐剂的添加过量或违法使用等
动植物天然毒素	河豚毒素、贝类毒素、蓖麻毒素、秋水仙碱、龙葵素等
真菌毒素	黄曲霉毒素、麦角毒素等
食源性致病菌、病毒和寄生虫	沙门氏菌、大肠杆菌、猪链球菌、甲型肝炎、轮状病毒、蛔虫、旋毛虫等
环境污染物	多环芳烃、多氯联苯、二噁英、铅、汞、砷等
包装材料污染	各种包装材料都有可能存在有毒有害物质或受到污染，造成食品的二次污染
新开发食品及新工艺产品	转基因食品、油炸食品、辐照处理食品等可能产生或引入的安全危害等
营养过剩及营养失衡	无节制地摄入食物，导致营养过剩，肥胖、高血脂、高血糖、脂肪肝等疾病
食品掺杂使假	掺杂使假可使食物的品质降低，混入有毒有害物质，产生严重的安全隐患

第二节 快餐产品安全与质量控制

快餐产品在“从田间到餐桌”的一系列过程中，如果食品安全与质量失控，都可受到有害因素的污染，导致快餐食品存在危害性，从而构成快餐安全问题。快餐食品安全

的特点是涉及多部门、多层面、多环节，是一个复杂的系统工程。从田间（养殖基地）、成品/半成品加工（中央厨房）、流通（配送中心）和二次烹调（连锁分店），每一个环节都可能引发快餐食品安全与质量问题。快餐的中央厨房是为各连锁分店服务的，每天生产量很大，如果其中某个环节出现食品安全问题，其影响范围非常大，后果将不堪设想。

一、快餐产品原料安全与质量控制

快餐产品安全的影响因素存在于种植、养殖到餐桌这一食品链的每个环节，其中种植、养殖环节是源头，离开这一环节去谈快餐食品质量安全将事倍功半。因此中外快餐企业巨头无一例外地将快餐食品安全的重中之重放到了源头——原料的标准化上。

（一）原材料标准化的意义

原材料（也包括辅助材料）是快餐业的主要生产条件。原材料的标准化对保证快餐产品标准的贯彻执行、降低物资消耗和节省资金、保障企业生产过程的正常进行，都有直接的作用。原材料标准化的意义如下：

（1）原材料标准化是贯彻执行快餐产品标准的物质保证。

（2）原材料标准化是实现快餐生产工艺要求的物质基础。

（3）原材料标准化是降低原材料消耗，实现综合利用的先提条件。

（二）原材料标准化的内容

1. 验收标准的制订

大多数快餐企业在生产中所得的原材料都是外购原材料。如果原材料生产厂执行的是国家标准或行业标准，可按标准中规定的验收规则进行验收。

2. 采购职能标准

采购业务管理标准的内容大体上包括：制订采购计划、决定采购单位、订货方法、接收方法、付款方法、票据格式和办理办法、接收检查不合格时的处理以及各有关部门之间的业务联系和交接关系等。

3. 制订原材料仓库管理业务标准

仓库管理的业务标准应由原材料入库、保管、出库等业务以及与这些业务有关的记录（登记）手续、信息交换（传递），以及同有关部门进行联系的程序和方式等项内容组成。

(三)原料控制案例分析

下面以美国麦当劳快餐及中国深圳面点王快餐为例，分析快餐原料安全控制要点。

1. 麦当劳

在麦当劳的质量管理系统(SQMS)中，需要做到从农场到前台的质量安全，麦当劳不直接面对原料商，而是通过管理供应商来控制上游，这样管理更集中，同时提高了质量的门槛。例如，

1)土豆

麦当劳要求的土豆生育期95天左右，块茎呈长椭圆形，白皮白肉，表皮光滑，芽眼浅，薯块大而整齐，结薯集中。干物质含量高，为19%～23%，还原糖含量低，为0.2%。为此早在1983年，麦当劳便来中国培育适合的马铃薯苗。最后选定美国品种夏波蒂，引进先进的种植技术，对施肥、灌溉、行距、株距及试管育苗等都规定了统一标准。国内普通土豆与美国夏波蒂土豆外形比较如图2.1和图2.2所示。

图2.1 国内普通土豆

图2.2 美国夏波蒂土豆

2)生菜

麦当劳生菜外观漂亮清新、口感甜脆等特点深受消费者的青睐，在麦当劳的《全面供应链管理》手册中，规定从源头选土开始，详细记录地段和土壤的资料，其后每一环节——选种、播种、种植、灌溉、施肥、防虫也一一详细记录，再加上完善的产品回收计划，包括定期模拟测试，万一有问题发生，可用最短的时间内有效找到每一片菜的来源并及时解决。

3)鸡蛋

麦当劳餐厅使用的鸡蛋由专业养鸡厂提供，供应商必须在鸡蛋产下来三天内运到工厂，按标准检测鸡蛋的大小、新鲜度，然后清洗、消毒、打油(起保护膜的作用)，冷藏保存。麦当劳还要求餐厅鸡蛋在冷藏条件下，必须在45天内用完，以保持鸡蛋的新

鲜美味。

2. 深圳面点王

中式快餐企业面点王，其采购的原料与西餐快餐比较其品种较多，数量也很大，为此结合中式快餐特点，他们要求所有原料应严把“四关”，以保证食品安全和供货安全。

第一关——药检关。每天对供应商送来的菠菜、芹菜、生菜、小白菜、龙须菜等十几个蔬菜进行检测和登记，只要发现有农药残留超标的，当场把采购的蔬菜全部销毁，并停止从该供货商进货。即使是从农批市场采购的蔬菜，已经经过了检测，公司也要再一次进行检测。

第二关——暗访关。面点王有一支专门的供货厂家暗访队，专门到供货单位的生产制作现场观察、了解卫生质量，一旦发现操作不规范的企业，立即终止与之进行的合作。

第三关——原料“名门”关。面点王进货都是选择大型有名的厂家。牛肉供应点有山东和陕西两处，选定都是国营定点的大型屠宰厂。醋是从山西最大的国营醋厂进的，面粉是深圳一家大型面粉厂的，食用油是南海一家油脂厂的产品。所有购进的原辅料，都需经仓库、调度室和生产的人员三方共同验货。

第四关——仓储管理关。仓库内的货物都是定置、定人、定点摆放，明码标签，遵循先进先出的原则，仓库的货架都要求离地离墙，各种货物整齐摆放。

二、快餐成品、半成品的安全与质量控制

快餐成品、半成品的安全与质量管理是由品质管理机构及其相关部门依据相应的制度、规范来实现的，制订品质管理标准制度是实施快餐成品、半成品的安全与质量控制的核心。

（一）产品品质管理标准化

1. 制订产品标准的目的和作用

我国《全民所有制工业企业法》规定：设立企业必须具备的首要条件是“产品为社会所需要，企业必须保证产品质量和服务质量，对用户和消费者负责”。企业产品标准的作用和编制目的就是保证企业上述法律义务的实现，即产品标准是企业标准系统的核心，可以保证产品适应社会需要和保护消费者的利益。

2. 产品标准产生的基础

产品标准是快餐业在质量方面的管理目标，这个目标确定的正确与否，对整个企业的经营管理效果有直接影响。快餐业食品标准的制订应该注意以下几个方面：

1）消费者对该种产品的具体要求

制订产品标准时，应尽量收集消费者的需求信息，掌握消费者对产品质量的要求，这是制订产品标准的最基本的依据。同时，还要尽力收集消费者对本企业以往生产的产品以及其他快餐店生产的同类产品的意见，要通过用户接待、店访等部门广泛收集消费者的意见，这同样也是非常重要的。

2）企业的生产技术和管理水平

企业的技术水平，经过努力所能达到的质量水平，本企业的设备工序能力以及质量管理、工序管理的水平和确保产品质量的条件都是对产品标准有制约作用的重要因素。

3）企业生产的外部条件

任何一个快餐企业都不是封闭的，都要由其他企业提供各种生产条件，如原料、材料、能源、半成品、价格、交货期、供应能力等。这些因素不同程度地影响快餐业的产品质量和生产过程，制订产品标准时不能不加以考虑。

4）同现行各类标准的关系

已经制订的各种产品标准，相互之间密切相关，形成一个有机整体，这便是快餐业的标准系统。除了本企业标准之外，还有国家标准、行业标准以及其他快餐行业的标准、用户的标准乃至有关的国际标准等也都是制约产品标准的重要参考。

（二）成品、半成品品质管理案例分析

1. 西式快餐——麦当劳

麦当劳与其供应商都保持着紧密的工作关系，在品质监控方面对供应商提出严格的要求，分别在美国、德国以及香港拥有三个独立的品质中心。这三个品质中心由麦当劳总公司直接管理，负责区域范围内的麦当劳QA体系（HACCP管理计划、GMP管理系统、清洁消毒计划、虫鼠害控制计划、产品评估系统、检验室检验程序及员工培训计划等）的发展与完善工作。除此之外，他们也会请第三方机构进一步检测，以保证结果万无一失。不过，检查和抽查是不能100%的杜绝食品安全事件的发生。只有建立一个完善的QA体系，有产品质量标准手册层层把关，才能防范问题的发生。麦当劳对一些原料的具体要求如下：

（1）牛肉：牛肉由83%的肩肉和17%的上等五花肉精制而成，脂肪含量不得超过19%。

（2）面包：不圆、切口不平不能要；面包以17mm的厚度在口中咀嚼时，味道最美；面包气孔以5mm大小为宜，有标准卡尺测量。

（3）奶浆：供应商提供的奶浆在送货时，温度如果超过4℃必须退货。

（4）牛肉饼：绞碎后的牛肉，一律按规定做成直径为98.5mm、厚为5.65mm、重为48.32g的肉饼 。

（5）生菜：从冷藏库送到配料台，只有2小时保鲜期限，一超过这个时间就必须处理掉。

（6）原材料、配料：所有的原材料、配料都按照生产日期和保质日期先后顺序摆放使用。

（7）成品存放：三明治类的保存期为10分钟、炸薯条7分钟、炸苹果派10分钟、咖啡30分钟、香酥派90分钟。

2. 中式快餐——面点王

我们知道肯德基、麦当劳的食品都有一定的保质时间，面点王也借鉴了“洋快餐”的这种管理模式。根据不同的特性为食品规定了一个“生命期”。

1）凉菜

做好后的凉菜不能超过3小时，如果在规定时间内卖不出去，就要倒掉了。为了保证凉菜加工车间的卫生，在每家分店的凉菜专用间内都装上了紫外线消毒灯，并且每天定时对专用间进行消毒。凉菜专用间开始工作前30分钟，要对该地进行全面消毒，包括紫外线消毒和消毒液消毒。

2）粥、凉皮、大饼等小吃

粥的生命周期是1小时；凉皮、大饼不能超过2小时；小笼包、烧卖、蒜泥不能过夜。如果收市后还有剩余的产品，就会被全部处理掉。面点王西葫芦产品及马蹄糕产品如图2.3和图2.4所示。

图2.3　西葫芦产品

图2.4　马蹄糕产品

三、快餐产品生产过程中的安全与质量控制

作为一个快餐企业，如何才能确保快餐产品安全呢？许多著名的快餐连锁企业都采用了一个共同的方法：快餐连锁企业管理上的3S原则（简单化、专业化、标准化）。3S原则强调将作业流程尽可能地“化繁为简”；然后将一切工作都尽可能地细分专业，在商品方面则突出差异化；最后是将一切工作都按照规定的标准去做，以确保快餐企业

生产过程中的产品安全与质量。由于快餐产品生产过程通常在中央厨房完成，与传统餐饮比较，其生产量较大，往往是以吨来计算，因此为了保证产品质量的一致性，在生产过程中标准化显得尤为重要，强调严格按照生产工艺标准、岗位操作标准和产品质量标准进行生产操作，而这都与标准化文件密切相关。

（一）工艺及工艺流程标准化

工艺标准是企业生产技术工作的主要内容之一，它的基本任务是：保证和提高产品质量、提高原材料的利用率；提高劳动生产率。很多人认为快餐企业无需工艺的标准化，其实不然，食品的质量固然与食品标准的质量有着极大的关系，但是仅仅有好的产品标准还不够，除了设计之外，工艺标准化便是决定性的因素。快餐工艺标准化的作用主要有以下几点：

（1）通过工艺标准化可以简化管理。

（2）可以显著缩短生产周期。

（3）可以降低人力、资金的消耗，提高经济效益。

（4）提高食品质量。

（5）促进食品设计标准化。

（6）加强工艺纪律，建立正常的生产秩序。

（二）快餐企业标准化案例

1. 面点王

面点王借鉴国外快餐标准化生产管理，拳头产品已实现机械化作业和标准化生产，有保证产品质量和安全卫生的集中制作配送的生产车间，在国内餐饮企业中还不多见。果蔬加工间、制馅间、包饼间、清洁间一字排开，工作人员按要求操作土豆去皮机、压面机、搅拌机、和面机和调味汁包装机等各种加工机械。地面始终保持干净，没有泥水，没有菜叶等残渣遗留。

为保证出售的产品在口味上的一致性，面点王 80％的原材料都是由中央厨房按照标准统一加工生产的。

（1）生煎包：生煎包采用的面团要由压面机压够 24 道，以保证每张面皮一样的柔度。此外制作车间还有去皮机、搅拌机、和面机、调味汁包装机等各种机械，利用机械作业实现标准化生产。

（2）蔬菜类：一些不能采用机械设备加工的原料，面点王根据各种蔬菜的特点也制订了标准，如苦瓜在切配时要求切出来的苦瓜长为±3.5 毫米，宽±1 毫米，呈长条状。

（3）盛器类：为了解决产品分量上的不一致的问题，减少操作时人为因素的影响，提高效率，面点王专门在盛粥用的碗上都刻有一道线，使每个碗里的粥都正好压线，不

能多也不能少，既准确又快速。

2. 大娘水饺

大娘水饺是中国最成功的中式快餐之一，其成功的秘诀是：量化每一个细节。公司有一部厚达300多页的《管理手册》，具体内容涉及到从顾客点餐到食品上桌不得超过10分钟、擦一张桌子应该遵守的清洁工序、和多少面兑多少水之类的要求。其中有涉及保证产品规格和质量恒定的“标准化”内容。

在饺子的制作标准中，对面皮及馅心都有具体要求，如每10千克馅使用1袋调料、每六只饺子重120克、每六个饺子皮重55克等，按照《管理手册》的规定，所有采购来的蔬菜要先在淡盐水里浸泡1小时再清洗，然后用测试卡测量农药残留量。这一切合格以后，再切成可以入馅的半成品。

为了保证每种食品味道的稳定性，公司特意配置了六种调料分装在容量一定、标有1～6数字的环保塑料袋里，然后分别运往每个开有连锁店地区的中心厨房。

大娘水饺中心加工厂及煮制后的大娘水饺见图2.5和图2.6所示 。

图2.5　水饺中心加工厂

图2.6　水饺

四、快餐配送中心的安全与质量控制

物流配送是连接快餐企业中心厨房和二级厨房的桥梁，是时间和空间产生综合效益的催化剂。同时，配餐工厂化是现代快餐成功的重要条件之一，现代快餐工厂化的发展方向就是配餐冷链化，但是何为快餐配餐冷链化，如何建立冷链化配餐？

纵观肯德基、麦当劳等西式快餐除少量常温包装外，主要配餐为土豆条、裹面鸡块、汉堡肉饼、派坯、生菜（色拉）等，从食品加工专业定义来看，均属于冷冻食品、预制品，或称为低温调制食品。这些配餐由配餐中心统一加工，冷链物流及时派送到各快餐店。这类食品或预制品，必须在特定恒定低温条件下加工、贮藏和流通，常见冷冻食品一般需－18℃以下冷冻温度带保存；冷却畜肉、禽肉、水产、果蔬、蛋品、奶品和各类日配型烹调食品——快捷食品等，均属于冷藏食品，因食品不同分别需要－2～15℃各种冷藏温度带保存。

同时，现代配餐低温供应链最新追求是采用RFID先进技术编码，构建生产、物流和终端统一网络实时信息化管理。

（一）冷链物流的意义

快餐中的冷链物流的定义是：在食品成品或半成品的感官品质得到保证的环境下，用优于常温的运输手段，符合有效的全程质量监督控制系统，以达到减少食品损耗，量化产业运输链的目的。快餐冷链物流的意义主要有以下几点：

（1）以企业各城市物流中心为原点辐射各个分销售点，顾客得到完全量化的服务。

（2）低温冷藏链手段，能较好保证食品、预制品的鲜度和品质状态下，赢得配餐分送流通所需的一段时间。

（3）实现从原料到成品全过程食品安全监控，统一标准，降低成本，规模化生产。

（二）快餐企业冷链物流的案例

1. 麦当劳

在麦当劳的冷链物流中，质量永远是权重最大、被考虑最多的因素。麦当劳的冷链物流标准，涵盖了温度纪录与跟踪、温度设备控制、商品验收、温度监控点设定、运作系统的建立等领域。即便是在手工劳动的微小环节，也有标准把关，如一台8吨标准冷冻车，装车和卸车的时间被严格限制在5分钟之内，根据货品的需要，还会使用一些专用的搬运器械，以避免在装卸过程中出现意外的损失。

2. 面点王

中心厨房，或称配餐中心（配售中心），是实现低温加工、冷藏流通的关键环节。目前，面点王配送中心总面积已达到3000多平方米，中心厨房设计做到了人流、物流分开，开设了预进间、二次更衣室和送风系统等，熟食车间采用全封闭式的晾制和分拣，整个中心为全封闭状态，每个窗户都装上纱窗，蚊虫绝对无法进入。每个车间都贴有详细的操作规则，规则中有效规范了各个车间的操作流程，使每个步骤都有章可循，可以避免依据习惯操作或个人因素而引发的安全漏洞。

在面点王的各连锁分店，有90%的产品是由配送中心直接配送过来的，只有少量辅料是由供应商直接配送到分店的。配送中心的配送车每天早上和下午分两次，分批向各连锁分店配送原料。运输车每出车一次，都要用紫外线和消毒液进行消毒杀菌。

为了保持食品的保鲜度，面点王对送往各分店的成品和半成品的存放也做了规定，如总部在给分店配送食物时会把成品和半成品分别储存在两个大冰箱里，一般半成品的冰箱温度为－4℃，成品的冰箱温度为－10℃。

五、分店的管理与卫生

销售活动是连锁快餐的主要活动之一，销售情况的好坏直接关系着连锁快餐的生存与发展。配送中心送来的食品是成品或半成品。成品在分店直接销售，而半成品则要在分店须经再次加工后销售。分店的管理与卫生着重考虑食品加工销售流程在保证食品卫生质量上的合理性和操作上的方便性，避免成品和半成品在加工销售过程中再次受到微生物或毒素的污染。

（一）分店的管理与卫生要求

（1）总体布局按成品和半成品入口→更衣→洗手、消毒→冻库（干货仓）→准备区→厨房烹饪→出品的生产流程原则。只有流程合理才能达到食品的生熟分开、干湿分开，可不必隔出许多功能间。

（2）分店应有两个出入口，一个是成品和半成品、从业人员人口，一个是出品售卖口。在出入口处要求设置预进间（其要求与配送中心一样）。

（3）现场若有熟食切配，应设熟食间，可不设预进间，但要求室内温度在25℃以下，配有冷藏设备。

（4）分店要有餐具洗涤消毒间（要求同配送中心一样），面积大小视分店的餐具用量而定。快餐店所用的托盘用量大、周转快，是食品终端污染的重要环节之一，有条件的分店可配备专门的消洗消毒设施。

（5）由于快餐店同时要售卖大量的饮料，因此应特别注意水处理系统和冰粒机的消毒杀菌。

（6）快餐门店多为敞开式经营，食品的包装材料、一次性餐具产生的垃圾较多，要求设有专门的垃圾间集中存放。

（7）快餐门店要有较好的防蝇、防鼠、防尘设施，建议使用有空气净化系统的中央空调。

（8）根据成品和半成品的存储要求，应有专用的常温或冷冻贮存设备如冻库或常温库。

（二）快餐连锁分店的管理与卫生案例

1. 面点王

在快餐连锁分店方面，面点王从店面的选址、设计、卫生、环保等方面都有严格要求，吸取了国外先进餐饮企业的一些做法，例如，采用透明厨房、自助式点餐、凉菜专用间装上紫外线消毒灯，每天定时消毒杀菌等措施。

1）分店及个人卫生要求

面点王企业针对厨房制订了《食品安全十不准》条例，对食品制作的关键环节进行了严格的要求，之后又出台了《食品安全卫生十五条》等 25 项管理规定和制度，对生产中的卫生环节制订了明确的卫生要求。

例如，面点王规定清洗蔬菜时必须使用过滤后的纯净水；洗手间必须 30 分钟清洁一次；男员工都是板寸头，女员工是学生式短发，或按照统一的式样把头发盘在脑后；头发必须半个月理一次；后厨的厨师必须在更衣间换好厨师装才能进入厨房；必须配带一次性口罩；不能用手直接接触食物；不管天气多么炎热，衣服上的纽扣不许解开，厨师必须佩戴厨师帽，头发不能漏在帽子外面等。

2）凉菜专用间定时消毒

做凉菜所用蔬菜必须是当天由公司配送中心运来的，这些蔬菜要经过农药检测、净菜处理、质检员检查、净水浸泡、过热水并晾干等程序之后才能制作出品；制作凉菜的“凉菜专用间”内都装有紫外线消毒灯，每天工作前的半小时，要用紫外线或消毒液对其消毒。

3）餐具一洗二刷三漂四消毒

面点王把餐具的消毒看得很重，中餐很多餐具都不是一次性的，这类餐具要经过洗、刷、漂、消毒四道工序，具体说就是，洗碗工要先冲洗掉餐具上的残留食物，再用洗洁精洗刷，然后放入专门的盆里用清水漂洗 30 分钟，然后再放到消毒柜里进行 30 分钟的消毒。所有的餐具必须经过这四道程序后方可给客人使用。

4）餐桌必须擦三遍

为了给客人缔造一个良好的就餐环境，前厅的服务人员也进行了分工。客人用餐离开后，负责清洁的服务人员会立即上前收拾台面，然后用带有特殊清洁剂的台布把桌面擦洗干净。负责摆台的服务人员再用台布把桌子擦洗三遍后重新摆台。

面点王连锁分店外部环境及面点王连锁分店内部环境如图 2.7 和图 2.8 所示。

图 2.7　面点王连锁分店外部环境

图 2.8　面点王连锁分店内部环境

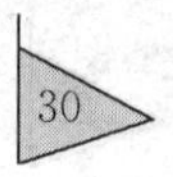

2. 麦当劳

麦当劳一直将连锁分店的卫生管理视为重中之重，要求清洁从服务人员的双手开始，频繁地洗手和周密地消毒是清洁的基本出发点。

1）麦当劳员工洗手要求

麦当劳规定工作人员必须每小时至少彻底洗一次手、杀一次菌。麦当劳制订的规范洗手方法是：先用肥皂和刷子将指甲缝中的污垢彻底清除；其规范的消毒方法：将手洗净并用水用肥皂洗涤干净后，撮取一小剂麦当劳特制的清洁消毒剂，放在手心，双手揉擦20秒钟，然后再用清水冲净。两手彻底清洗后，再用烘干机烘干双手，不能用毛巾擦干！

2）要求员工养成随时清理的习惯

麦当劳规定"与其背靠墙休息，不如起身打扫"，要求服务员利用这段无事可做的时间，迅速清扫内部卫生，维持整洁、幽雅的环境，使顾客看得舒心，吃得开心。

3）厨房的清理

厨房里的工作人员也是随时执行清理的观念。除了随时清洁和每小时检查一次的制度外，每星期要进行一次例行的卫生检查并载入维护日志。到了节假日，经理还要派工作人员到餐厅附近去巡察，维护餐厅附近地区的环境清洁。餐厅的每一个用具、位置和角落都体现出麦当劳对卫生清洁的注重。

4）建筑物与机器的维修及清理

建筑物和机器的彻底维修和清理是维护麦当劳高标准清洁的基础。建筑物的维修和清扫包括大厅和顾客区、厕所、屋顶、建筑物外表、粘贴板、垃圾堆积处、停车场和中庭等。建筑物的维修和清扫每年至少一次，有时两三次。维修和清扫工作一般是在晚上打烊以后进行。建筑物和机器设备的维修和清扫都由麦当劳的工作人员自己处理，从不假外人之手。经理人员都具备维修机器设备的能力。这不仅是他们日常训练中的一个重要部分，也是汉堡大学的必修课程之一。

第三节　快餐企业质量与安全管理体系的建立

国际知名快餐企业对于总体审核认证内容和依赖的标准体系有着惊人的相似之处，主要包括三大方面：食品安全控制体系、质量管理系统和法律法规遵循程度。

快餐食品安全管理体系的定义目前还未统一，依据食品安全管理体系的内涵可分为国家食品安全体系和食品链的食品安全管理体系，通常所说的食品安全管理体系是食品生产销售企业或团体涉及食品链中各环节所建立的食品安全管理体系。

一、快餐企业安全问题与监管现状

国家食品安全管理体系是指国家或地方当局为使消费者免受食源性安全危害，保护消费者健康利益，确保所有食品在生产、加工、贮藏、运输、销售和消费过程是安全的、健康的、适宜人类消费的一种管理体制和管理行为，包括立法、制订标准、设立机构、安全监控和日常管理。该体系具有一定的强制性。

（一）食品安全管理体系构成

国家食品安全管理体系的构成包括以下几方面：

1. 食品卫生与安全法规、标准

食品卫生与安全法规、标准包含关于不安全食品的界定、强制不安全食品的召回以及对负有责任的团体和个人的惩处，同时也要求食品安全管理当局应依法建立一种预防性的保障体系，如食品安全残留监控、环境污染物监控等。

2. 食品卫生与安全管理

有效的食品卫生与安全管理体系需要在国家层面上有效地协调，并制订适宜的政策。其职责包括建立食品卫生与安全管理领导机构或部门，明确这些机构或部门的职责。

3. 食品卫生与安全的监督

国家应建立食品安全监控计划，对食品中生物的、化学的、物理的安全指标按计划抽样检测监控。

4. 食品安全实验室

食品安全实验室主要从事食品质量与安全关键技术研究。研究领域包括食品营养成分与功能成分分析、食品中化学物质残留（添加剂和有毒有害物质）测定、农用化学物质（农药、重金属）在土壤-植物系统中运转和残留研究、生物转基因成分、食品中化学物质残留的放射免疫和酶联免疫快速检测技术、动植物病害的快速诊断技术研究等。

5. 教育培训和信息交流

国家食品安全管理体系中应包括对国民的食品卫生与安全知识的教育和宣传，给食品链上很多环节的经理人提出建议、指导和培训。

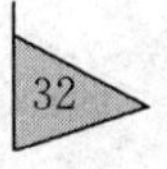

6. 食品链的可追溯系统的建立

食品链的可追溯系统要求与食品链相关的各组织都要建立各自完善的可追溯系统。该系统的基础是完善的记录和符合要求的标签。

(二) 食品安全管理体系目标

国家食品安全管理体系必须建立在法律的基础上，并必须强制执行。国家食品安全管理体系的目标如下：

(1) 减少食源性疾病，保护公众健康。

(2) 防范不卫生的、有害健康的、误导的或假冒的食品，以保护消费者权益。

(3) 建立一个完全依照规则的国际或国内食品贸易体系，以保持消费者对国家食品安全管理体系的信心，有利于公民的安居乐业和社会稳定，从而促进经济发展。

二、快餐食品安全管理体系在食品链中对组织的要求

(一) ISO9000 质量管理体系

ISO9000 系列标准是国际标准化组织（ISO）所制订的关于质量管理和质量保证的一系列国际标准。ISO9000 族标准主要针对质量管理，同时涵盖了部分行政管理和财务管理的范畴，是针对企业的组织管理结构、人员和技术能力、各项规章制度和技术文件、内部监督机制等一系列保证产品及服务质量的管理措施的标准。ISO9000 族中规定的要求是通用的，适用于所有行业或经济领域，无论其提供何种产品。

(二) HACCP 食品安全控制体系

HACCP 体系全称为“食品危害分析关键控制点系统”，最初是美国航天局专门用于为其宇航员提供食品的标准，所以又被人们称为“宇航员食品标准”，现已成为世界上最有权威的食品安全质量保护体系。它可以对生产过程中存在的危害进行分析，从而使食品达到最高的安全性。

各国主管食品企业的政府部门积极倡导企业建立 HACCP 体系，特别是从非典风波之后，国家认监委在《出口食品生产企业卫生注册登记管理规定》中，明确了六大类出口产品企业必须强制建立 HACCP 体系，国家质检总局在《食品生产加工企业质量安全监督管理办法》中，鼓励食品企业建立 HACCP 体系，提高企业质量管理水平。

(三) SSOP 食品卫生操作程序

卫生标准操作程序（SSOP）是食品企业为了满足食品安全的要求，消除与卫生有关的危害而制订的在环境卫生和加工过程中如何实施清洗、消毒和卫生保持的操作规

范。它是 GMP 中最关键的卫生条件，同时也是 HACCP 体系中的关键控制点。

(四) GMP 食品生产操作规范体系

良好操作（生产）规范 GMP 是通过对生产过程中的各个环节、各个方面提出一系列措施、方法、具体的技术要求和质量监控措施而形成的质量保证体系。GMP 的特点是将保证产品质量的重点放在成品出厂前整个生产过程的各个环节上，而不仅仅是着眼于最终产品，其目的是从全过程入手，从根本上保证食品质量。

三、优秀快餐企业质量与安全管理体系案例

(一) 丽华快餐

在北京大兴区，矗立着一座橙红和灰色相间的新厂区，是丽华快餐公司为满足奥运供餐而投资建造的“快餐工厂”，该中心加工厂被媒体誉为“迄今为止全国建成的规模最大的快餐工厂，开启了中式快餐工业化时代的大门，对整个行业的发展都将有着深远的借鉴意义”。丽华快餐北京工厂及加工厂风淋室如图 2.9 和图 2.10 所示。

图 2.9　丽华快餐北京工厂

图 2.10　丽华快餐北京加工厂风淋室

丽华快餐建立“快餐工厂”的根本目的，在于实现规模化生产，提高标准化程度。该企业在国内快餐外送行业率先通过了 HACCP 体系认证，把宇航员食品标准端上百姓餐桌。丽华快餐导入 HACCP，并将快餐盒饭的保质期严格控制在 3 小时之内，使老百姓的食品安全得到更有力的保障。

丽华快餐继 1997 年在中式快餐业首家通过 ISO9002 国际质量体系认证之后，又相继导入 ISO9001：2000、ISO14001（环境管理体系）和 HACCP（食品安全控制体系）“三大体系”的认证，已经开始从源头治理到最终消费的监控上，建立了一系列较为完善的食品安全管理体系。通过 HACCP 与上述几种管理体系的结合使用，企业的产品安全可以得到有效的保障，为提升中式快餐品牌，增强企业竞争力，加快国际化进程打下了坚实基础。

（二）麦当劳

麦当劳公司全球质量、食品安全和营养总监指出，在麦当劳的质量管理系统（SQMS）中，需要做到从农场到前台的质量安全。因此麦当劳花了一年时间来构建全球质量安全管理系统，建立审核认证体系和审核认证标准，主要对食品安全、质量系统、HACCP等进行审核认证。审核认证的标准包括ISO9001、ISO22000等。采取的措施有：

1. 食品安全从“源头”抓起

麦当劳极力主张对蔬菜的来源进行严密的把关。在种植地的选取上，所有种植地周边1千米内须无工业“三废”污染源，无养殖场、化工厂、矿山、医院、垃圾场等，与生活区的隔离必须超过20米，使其生活垃圾和污水等对种植地无污染。

2. 食品安全从完善的体系抓起

麦当劳严谨完善的专业系统的支持，是“全面供应链管理”的精髓元素，其中供应商的选择、上游管理、生产管理、运输网管理、应急计划以及鉴定自审，令整个系统互相配合，构成了麦当劳环环相扣、严格专业的食品安全管理体系，确保麦当劳为每位顾客提供最优质的产品和服务。

3. 食品安全从严格的标准抓起

严格的操作标准和周密的产品安全规范要求，确保了麦当劳百分百优质的产品。麦当劳及其所有供应商都严格遵循麦当劳及国家在卫生安全及专业技术操作方面的规定。肉类加工的生产过程采用了危害分析及关键控制点（HACCP）这个先进的管理程序。

4. 食品安全从烹调过程抓起

在麦当劳每一个产品都有电脑严格地控制其制作的温度和时间，以保证产品符合相应的温度要求。鸡肉的烹制全程参照麦当劳的食品安全标准，如特级板烧鸡腿堡是将鸡腿肉在特制的双面煎炉中用超过170℃的高温夹烤100秒钟后尽可放心享用。

5. 建立产品追溯体系

麦当劳拥有严格的产品追溯体系。一旦发现产品出现质量问题，可以通过产品追溯体系查到问题的源头，迅速追查到产品的批次，并要求供应商核查，将该批次的产品回收并监督其销毁。目前的追溯时间可以在几小时内完成，有些供应商甚至能在几十分钟以内完成。

6. 食品安全从专业人才抓起

专业可靠的人才是麦当劳“全面供应链管理”成功的基础。麦当劳坚持寻找国际先进水平的食品行业专家并与之建立长期的合作伙伴关系，不断突破，保持在食品行业的领先地位。麦当劳与这些合作伙伴一起，建成了值得信赖的专业团队，保证将食品安全贯彻到底。

快餐产品是一类特殊商品，产品质量包括产品的安全性、产品营养和产品的色香味形色。快餐产品质量与安全是两个在意义上各有侧重又相互交叉的概念，当前更强调快餐的安全性。

快餐产品安全与质量保障体系包括五个方面：快餐产品原料安全与质量控制；快餐成品、半成品的安全与质量控制；快餐产品生产过程中的安全与质量控制；快餐配送中的安全与质量控制；分店的管理与卫生。

快餐食品安全管理体系在食品链中对组织的要求：ISO9000 质量管理体系、HACCP 食品安全控制体系、SSOP 食品卫生操作程序、GMP 食品生产操作规范体系。

1. 名词解释

快餐食品安全、快餐食品质量、物流配送、冷链物流、国家食品安全管理体系

2. 简答题

（1）影响快餐食品安全与质量的主要因素有哪些？

（2）快餐食品原材料标准化的意义是什么？

（3）快餐食品原材料标准化的内容是什么？

（4）制订快餐产品标准的目的和作用是什么？

（5）制订快餐产品工艺及工艺流程标准化的目的是什么？

（6）冷链物流的意义是什么？

（7）快餐连锁分店的管理与卫生要求是什么？

（8）国家食品安全管理体系的构成包括哪几方面？

3. 问答题

（1）快餐食品质量管理体系包括哪些？

（2）如何理解快餐企业质量与安全管理体系的建立？

深圳面点王饮食连锁有限公司制订的《生产卫生管理条例》

一、原料管理

（1）严格的原料验收标准：不合格的原料坚决不收，不使用。

（2）与大企业合作，如原料肉采购于国内最大肉制品企业，醋选自山西老陈醋，调味品选自日本最大的调味品企业，油脂采用的是奥运会的指定产品。

（3）蔬菜、水果进行农药检测。

二、贮存卫生要求

1. 仓库贮存卫生要求

生熟分开、隔墙离地、先进先出、先产先销。

2. 冰箱贮存卫生要求

（1）分店冰箱分为生食冰箱和熟食冰箱，严禁生熟食品混放。

（2）冰箱贮存条件：

① 生食冰箱用于存放生食，温度控制在－10～18℃之间，食品贮存时间控制在24小时以内。

② 熟食冰箱用于存放熟食，温度控制在0～4℃之间，食品贮存时间控制在24小时以内。

（3）食品入冰箱之前，必须进行认真检查，凡有下列情况的食品，一律不准入冰箱：

① 已经变质的。

② 已经受到污染的。

③ 超过保质期的。

（4）食品在冰箱内摆放整齐，并遵循以下原则：

① 干湿分开，生熟分开，成品半、成品分开。

② 重的食品放在下面，轻的食品放在上面，带水的食品放在下面，不带水的食品放在上面。

（5）存入冰箱的食品必须使用容器盛装，外壁干净，加封（加盖）。

（6）档口人员必须每天定时清理冰箱，检查食品质量和卫生状况。

(7) 每周由责任档口的人员进行两次清洗、消毒。

三、食品销售卫生要求

明档对卫生的要求特别高，顾客就餐的同时，也时刻监督着他们的工作。产品销售过程中应确保只销售符合卫生要求的食品。食品销售卫生原则有以下几点：

(1) 严格控制食品从成品到消费者手中的销售时间不超过 2 小时（防止细菌繁衍、超标）。

(2) 产品制作应遵循少量多次的原则。

(3) 销售过程中应遵循先进先出、先产先销的原则。

四、清洁、消毒卫生要求

1. 厨房清洁、消毒卫生要求

(1) 养成良好的卫生习惯：随手清洁。

(2) 厨房物品摆放及清洁要求：

① 卫生清洁“两及时”：及时清洁、及时清理。

② 物品摆放“三层”：同类同层化、同器同层化、同色同层化。

③ 清洁要领中的“四定”：定人、定时、定物、定质量。

2. 厨房消毒方式要求

(1) 紫外线消毒法：适用于对空气消毒，用于食品加工间。对人体有害，在每日夜间收市后，由专人负责执行 0.5～1 小时/次。

(2) 红外线消毒法：红外线消毒柜，适用于餐具的消毒，使用方法见产品说明书。

(3) 化学消毒法：用消毒剂配制成液体消毒，一般浓度为 2.5×10^{8}，适用于对餐器具、用具、设备、毛巾等餐器具清洁。

(4) 环境消杀：每季度至少六次，每 1～2 周对分店进行一次消杀，主要目的是杀灭分店内部及周围环境中的虫害。

第三章　快餐产品设计

能够熟练掌握快餐产品筛选原则及快餐产品设计特点及方法，灵活应用单元操作技术设计快餐产品。

近年来，肯德基在产品设计上不断创新，努力改变传统快餐品种较少及“三高”的缺憾，尤其注重蔬菜类、高营养价值食品的开发。其中，为迎合中国消费者口味开发的长短期产品，有胡萝卜面包、老北京鸡肉卷、玉米沙拉、芙蓉天绿香汤、肯德基营养早餐（香菇鸡肉粥、海鲜蛋花粥、枸杞南瓜粥、鸡蛋肉松卷、猪柳蛋堡）等。这些产品深得中国消费者的肯定和喜爱。

肯德基正努力倡导“新快餐”理念，是充分考虑消费者的需求为基础的，肯德基认识到，快餐的形式是符合中国人现代生活需要的，但同时消费者对西式快餐食品营养的疑虑是快餐发展、壮大的绊脚石。所以肯德基从产品选择多样化、增加烹饪方式、增加植物类产品、不断开展快餐新产品设计工作，力求为他们提供美味快捷、高质安全食品的同时，又倡导营养均衡的健康生活方式。

肯德基为满足消费者不同层面的需要，聘请了 10 多位国内的专家学者作为顾问，负责改良、设计适合中国人需求的快餐品种。肯德基一直以炸鸡、菜丝沙拉、土豆泥作为当家品种，但是为了迎合中国人的口味相继设计、研发出备受中国人喜欢的肯德基“辣鸡翅”、“鸡腿堡”、“芙蓉鲜蔬汤”等品种，对一向注重传统和标准化的肯德基来说，这是前所未有的转变。同时，肯德基特别成立了中国健康食品咨询委员会，研究、开发适合新一代中国消费者品味的饮食新产品，以进一步做大市场。

肯德基的老乡——美国肯塔基州州长厄尼·弗莱彻和夫人在品尝了中国肯德基店的玉米、老北京鸡肉卷、澳门蛋挞等食品后表示，比起美国的肯德基，这里的食品更加接近中国人的传统口味，更适合中国人的食品健康结构。弗莱彻说：“我终于知道，肯德基为什么能在中国一次又一次地渡过难关，并得到快速地发展。”

为了不让崇拜它的消费者逃跑，肯德基在中国始终坚持本土化原则。据悉，肯德基早餐的玉米汤、素菜汤、玉米和老北京鸡肉卷、蛋挞等，在其他国家没有。

（1）传统餐饮的快餐化。

（2）快餐产品设计的特点。

（3）快餐产品的关键因素。

（4）快餐生产工艺体系。

（5）中央厨房在快餐中的作用。

第一节　快餐产品设计的特点

产品设计是工业设计学科的核心内容，它为工业设计理论的发展提供了具有实际意义的实践平台。而快餐产品设计与一般工业产品设计有着许多不同，有自己的特点。快餐产品设计首先是从大量的传统餐饮品种中筛选出适合快餐特点的产品，然后把烹饪技术与食品科学有机结合，通过技术转换而形成快餐产品。

成功的快餐产品设计，应满足多方面的要求。这些要求，有社会发展方面的，有产品功能、质量、效益方面的，也有使用或制作工艺方面的。生产工艺对产品设计的最基本要求，就是产品结构应符合工艺原则。也就是在规定的产量规模条件下，能采用经济的加工方法，制造出符合质量要求的产品，这就要求所设计的产品结构能够最大限度地降低产品制造的劳动量，减轻产品的重量，减少材料消耗，缩短生产周期和制造成本。

快餐产品是能够以最方便快捷地服务满足大众一日三餐所需营养和能量的食品，这是快餐产品设计所坚持的一贯原则。同时，产品必须符合快餐的基本特征：制售快捷、食用便利、质量标准、营养均衡、服务简便、价格低廉等。

随着食品加工技术的发展及烹饪社会化的要求，快餐产品设计不是简单地筛选，而是在选择易于快餐化的传统食品的同时，与配方的创新、工艺的革新、包装的更新密切结合，使传统烹饪更加科学化、合理化，以适应消费者不断变化的饮食需求和标准。现代快餐生产的产品主要表现在以下两方面：一是直接的快餐食品，其所形成的产业是快餐业；二是半成品或成品的标准化产品，其实现的目的是烹饪的社会化。

现代快餐是工业社会城市文明的产物，讲究标准化、定量化、程序化作业。标准化是对传统中式烹饪方法的颠覆，有了标准才会有速度，有了速度才会有效益。要使传统餐饮快餐化，必须对传统餐饮加工工艺进行定性、定量地分析研究，找出传统餐饮单元操作的特点，为快餐产品快餐化提供科学的依据。

工艺定量研究是烹饪学科建设的基础工作，不少快餐企业在快餐产品设计中也意识

到了“标准化”的重要性，开始对产品原料、生产程序等施行标准化管理，把每个产品的炒、蒸、焖等操作过程都流程化，通过对传统产品的筛选后设计出即使是没有熟练厨艺经验的人，经过短期培训后，也可做出质量稳定的快餐产品，换句话说，所有的操作都是有标准的，有计时器和温度计在指挥，按照设计的生产流程来制作，以减少个人的判断力和经验的影响。

许多在市场竞争中占优势的企业都十分注意产品设计的细节，以便设计出成本低而又具有独特风格的产品。许多发达国家的公司都把设计看作热门的战略工具，认为好的设计是赢得顾客的关键。

第二节　快餐产品设计的关键因素

生活水平的提高和生活节奏的加快，为快餐业的发展提供了强大的动力，而现代中式快餐业在发展过程中也存在生命力短、易被模仿和被替代、产品质量不稳定、标准化程度低以及连锁经营发展缓慢等问题。品种是快餐业发展的基础和前提，解决现代快餐业存在问题的关键就在于建立起长期竞争优势，企业把产品所有的技术全部分解为标准化操作，形成自己独特的核心产品和制作技术。现代快餐产品以工业化生产为基础，以质量标准化为核心，以大批量和连锁化经营为形式，能在世界范围内提供标准化产品，这是任何传统餐饮企业难以做到的。

从快餐的社会需求、市场定位、服务特征与发展条件与模式等方面看，快餐不同于正餐酒楼，两者的消费动机、市场定位和就餐要求明显不同。正餐酒楼更多地是以满足人们社交性、改善性消费为主；快餐是以满足人们的生活基本就餐需求为主，就餐目的更多地体现出消费的基本性和被迫性。因此，快餐产品的设计与正餐酒楼的设计有很大的不同。快餐企业的发展只有练就较强的标准复制和管理控制能力，且追求规模效应，才能得以生存和发展。

一、中式快餐的分类及类别

目前各种形式的快餐很多，常见的中式快餐的分类及类别见表 3.1。

表 3.1　快餐的分类及类别

快餐分类	快餐类别		
快餐风格	中式快餐	西式快餐	中西合璧式快餐
品种形式	多品种（套餐）快餐	相对较少品种（套餐）快餐	中式、西式、日式、越式、泰式、马来式等
生产方式	手工操作现场加工为主、单店经营传统快餐	标准化、工厂化和连锁经营现代快餐	介于两者之间

续表

快餐分类	快餐类别		
快餐风格	中式快餐	西式快餐	中西合璧式快餐
消费者的特点	流动、固定人群的快餐	流动人群为主的快餐	以年轻人为主
配送方式	本（外）企业集中生产配送	本企业集中配送为主，外企业供应商配送为辅	本（外）企业集中生产配送
连锁方式	直营连锁式快餐为主	直营连锁、特许连锁	直营连锁式快餐为主
经营规模	单店为主、规模不大	连锁快餐为主，规模庞大	中等规模

二、快餐产品设计的关键因素

快餐企业要立足市场需求，开拓经营领域和创新发展模式，以求得更大的发展空间。快餐产品的设计就显得尤其重要。从国外快餐市场看，品种简明、个性化强的特点值得我们借鉴。快餐定位是以大众消费为主，品种简单化的模式具有很大的市场潜力和推广价值。

快餐产品设计要围绕企业盈利法则。众所周知，快餐服务是重要因素、就餐环境是关键因素、快餐产品是决定因素。因此，需要企业投入精力研发，实现产品的精细与卓越，实现产品的“好吃”与“稳定”。具体来说，要使产品“好吃”需对原料、辅料、味型、调味的确定；要使产品“稳定”需对火候、对标准、对工艺、对技法的确定。

快餐产品的设计是确定产品，形成系统目标以及提出设计方案的一种总体设计方法，它涉及两类基本要素，一类是科学性因素，一类是非技术因素。通过综合分析这两类主要因素来完成产品开发最佳方案的选择，使其设计最终达到产品差异化、操作简单化、管理标准化的目标。

无论任何产品，创新和特色都是十分重要的，只有最大限度地实现简单化才能有效减少环节，节约人力成本；只有简单化才能降低培训难度，减少人员流动造成的质量风险；只有简单化才能更好地落实统一化和标准化原则；同时快餐产品的设计必须适应中央厨房的要求，因为工厂化是现代快餐走向规模化的必由之路。规范的中央厨房系统建立后，使大部分产品、半成品都可以由中央厨房完成，店铺只进行简单加工即可，这样可以减少门店的人员，缩短加工的时间，加快出菜的速度。

（一）科学性因素

快餐产品的确定要科学合理，将食品科学和烹饪科学有机结合起来，对产品选材、加工工艺、加工过程中产品性状变化、机械设备的选用、成品的包装、贮运等做初步计划和可行性分析，确保产品设计的方向和路线的正确性。

1. 产品的筛选

现代快餐同传统餐饮的手工随意性、作坊式生产、单店经营为主和经验型管理的特点明显不同，需要施行品种的标准化操作与工厂化生产，建立起科学的管理体系，采取现代的经营方式与组织形式，才能维护规模经营和实现规模发展，还要在追求规模效益的同时避免规模风险。

品种的选择对于现代快餐企业来说是尤为重要的，许多中式快餐经营者仍是传统的“大而全”的观念。品种浩繁，风味繁杂，几十甚至上百个品种，却又没有什么特色，自然难以实现规模化生产，更难以超越全部依赖厨师手工操作的老模式。因此，快餐产品数量多少的问题就显得尤为重要。

1）品种数量过专的代价

客观地说，只经营单一品种或一种品种系列的模式有一定的生命力，若没有良好的体系、知名的品牌、极佳的品种及组合，都会受到商圈的构成、顾客的层面、饮食的习惯等诸多因素的挑战。在快餐消费中，口味单一等同于单调，也等同于消费者选择的有限性，选择性越狭窄，就越不利于吸引更多的消费者并保持其持久的忠诚度。

2）品种数量过泛的代价

如果在有限的空间塞进过多的利益点，经营过多品种或过多品种系列的模式，很难保证出品品质及速度，经营者为此要付出代价。因此，如果品种数量太多，会导致品种特色的丢失，生产运行起来不确定因素太多，致使产品质量不稳定，难以形成稳定的客户群。即便是单个餐厅都很难稳定经营，要搞连锁经营就难上加难了。

快餐企业要有自己的拳头产品，突出重点，集中特色，增强产品的竞争力，使企业运行起来容易操作。此外，快餐业的现场操作要求简单化的特点也决定了快餐品种不可能太复杂，否则就难以保证食品的新鲜度、产品的鲜明特征及出菜的速度。

以下是中西式快餐产品筛选案例分析。

1）肯德基

1987年，肯德基在前门开出中国第一家店时，只有炸鸡、土豆泥、百事可乐等八款产品。如今，肯德基可为消费者选择的菜品至少52种，且不断进军八大菜系，这其中包括深受消费者喜爱的老北京鸡肉卷、四季鲜蔬、早餐粥、蛋挞、安心油条等。

2）麦当劳

随着美国社会汽车的增加，麦当劳餐厅的顾客源源不断，汉堡包的销售额占店铺总销售额的80%，麦当劳认为“快速服务”才是今后左右店铺经营的关键。为了开设快速服务餐厅，他们对定菜、调理、服务等整个流程进行了划时代的设计。

菜单的种类从原先的25种筛选到九种，汉堡包的大小也缩小了8%，原来30美分一个的汉堡包如今降价到15美分。从此以后，不管是熟练的厨师还是青年计时工都能维持相同的作业水准，生产出美味的汉堡包。同时，他们对烹调系统进行了调整，将汉堡包的提供速度控制在30秒以内。这种快速服务成为当今快餐业的基准。

3）菲律宾“超群”中式快餐

“超群”是菲律宾一家中式快餐连锁企业，主要产品有包子、面条、馄饨、米饭加炒菜套餐等地道的中餐食物，每日顾客盈门，与在菲律宾经营最成功的麦当劳拥有一样多的分店。

为了使顾客能够很快做出选择，避免眼花缭乱、无所适从，根据科学的统计和调查，“超群”把菜单上的食物通过筛选后，最后产品数目确定在37种左右。同时为了满足顾客不断变化的口味，“超群”每3个月推出一种新产品，每种产品每隔一段时间都要进行重新研究、评估和改良，相对不受欢迎的老产品将被替换掉，这种淘汰法使超群的产品精益求精。

在一种产品推向市场之前，都要经过一系列试验和检验，包括产品的味道、颜色、是否易于加工、需要多长时间烹制和保鲜期限等。研究和开发部门还要确定新产品所需的原料整年都有充足的供应，以保证使顾客满意。

2. 营养卫生

现代快餐的基本特征之一是营养均衡。根据营养学的基本原理来设计现代快餐产品，目前按照人均日摄入能量9993千焦、蛋白质295千焦、脂肪229千焦来设计，已经基本达到营养专家提出的理想膳食标准，近年来，针对快餐市场需求和日益追求健康营养的趋势快餐产品的设计都紧紧抓住了健康这个关键点。

以下是中西式快餐营养设计案例分析。

1）深圳面点王

面点王经营者认为，中华饮食本身就具有低脂、低热、健康美味、营养丰富、搭配合理的特点，在日益追求健康的今天，特别是许多专家对洋快餐的三高提出了很多质疑的时候，中华饮食表现出了良好的市场前景和潜力。

面点王先后推出了润肺系列、粗粮系列、绿色系列的新产品，有效地打出了健康牌。以甜香馒头、麻辣攸面为代表的营养系列推出，其中南瓜面和凉瓜面，是面点王公司推出的新型保健营养面食，面点王公司研发人员，经过上百次的科学配比，提炼出南瓜、凉瓜的精髓，完全用蔬菜打汁和面而成，不含任何色素，它既保留了食物的天然本色，又有无可比拟的高营养价值。

面点王产品南瓜燕麦粥及甜香馒头如图3.1和图3.2所示。

2）肯德基

肯德基将中国的均衡膳食健康理念运用到产品的开发上，消除人们对快餐食品的健康疑虑。不仅在烹制上突破油炸，推出“烤”、“煮”、“凉拌”等制法，而且还改进产品营养成分，推出了16种不同的植物类产品及多种中式新产品，承诺会严格遵守政府制订的食品安全与健康标准，努力加强对人体营养需求，平衡进食及运动的意识，并且继

图 3.1 南瓜燕麦粥

图 3.2 甜香馒头

续推出能够满足中国消费大众需求的健康新产品。

2005 年 10 月肯德基提出了“新快餐倡议书”，从菜单、地方口味、营养平衡、烹饪方法、食品安全等角度把“新洋快餐”与“传统洋快餐”做了一个完整的切割。肯德基在中国的“新快餐”与“传统洋快餐”比较见表 3.2。

表 3.2 肯德基在中国的“新洋快餐”与“传统洋快餐”比较

比较内容	传统洋快餐	新洋快餐
品种数量	产品种类较少，选择受限	将适合中国人的口味融合进来，为消费者提供更多选择，提倡均衡营养
加工方式	以油炸食品为主，高热量、高脂肪	采取多种烹饪方式，符合现代人的饮食健康需求
蔬菜数量	蔬菜品种少，西式口味不受欢迎	针对中国消费者的口味需求，研究不同的蔬菜产品
产品风味	产品终年不换，缺少创新	不断推出新产品，包括短期上市的产品，让消费者常吃常新
产品组合	产品单一，鼓励多吃	均衡搭配的套餐组合，引导消费者适量、均衡进食
食品安全模式	美国食品安全模式	打造中国模式的食品安全体系

3. 原料性状

快餐是为消费者提供日常基本生活需求服务的大众化餐饮，因此在选料上一般不提倡选用高档原料用于快餐中，因此，原料一经确定后，需要熟悉原料的品种、分类、分布、产供销等情况以便合理搭配。快餐对原料的选择及品质的要求与其他餐饮形式一样，快餐原料性状基本要求见表 3.3。

表 3.3 快餐原料性状基本要求

基本要求	具体内容
无毒无害	原料自身无害，也未受到微生物、寄生虫及化学毒物等的污染
丰富的营养素	不同的原料所含营养素种类和含量不同。既是人体必需营养素，又是快餐风味的呈味物质
良好的感官性状	原料的形状、色泽、组织结构的好坏直接影响快餐产品的质量
工艺适应性	各种产品的加工过程分解成多种单元操作的复合过程，简化研究程序，找到规律性
复合调味技术	快餐制作可采用统一的复合调味料（调味包），以达到标准统一
利润合理化	在原料选择、生产加工等环节应严格控制，按照不同档次快餐要求的毛利率来制作，以满足快餐“价格低廉”的特点

（二）非技术因素

现代快餐发展是以社会经济发展和人民生活水平提高为前提的，是现代工业文明的产物，应与社会发展同步，不能脱离我国经济发展的大背景。因此，快餐产品设计，必须以满足社会需要为前提。这里的社会需要，不仅是眼前的社会需要，而且要看到较长时期的发展需要。为了满足社会发展的需要，设计先进的产品，取得经济效益。

适合社会、市场需求是快餐企业创造经济效益的首要前提，因此快餐产品的设计首先要综合考虑政治环境，生产力经济发展状况，人民生活水平和消费水平，以及不同民族、不同地域、不同宗教信仰、不同传统风俗下，人们的饮食习惯与饮食心里所存在的现实差异，其次，产品只有找到市场，完成商品流通，才能实现其价值。

因而在产品确定之初，要确定主流消费群为目标市场，进行定性与定量的市场调查与市场分析，根据消费者的年龄、性别、经济状况、文化教育等进行市场细分，选择市场，确定产品特色。快餐设计要体现消费者需求的多样性，谁拥有客户，谁就拥有市场，谁就拥有财富。

（三）快餐产品设计实例

1. 美国熊猫快餐

熊猫快餐公司创业到现在 30 多年了，是由美籍华人陈振昌先生创办的，在美国连锁餐厅有 600 多家，在 2003 年度的销售额达到 6.5 亿美元。熊猫快餐的后厨采取的是很典型的中式厨房设计。

熊猫快餐菜品以现场手工制作为主，讲求实用性和本地化。每个店的菜品有 17～20 个品种，每月创新两个品种，特色品种全年保留，如主打品种陈皮鸡占营业额的 30%。调料中不用味精，现场炒菜采用统一的复合调味料（将多种配料预先调好放在一

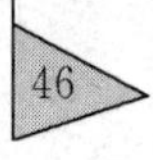

个容器内），以达到标准统一。

熊猫快餐采用的是现场明火炒菜的方法，以保持菜品的原味和特色。厨师将已定量（介于大锅菜与小锅菜之间的中锅菜的量）好的菜炒好后，装入一尺见方的餐盘内放在前台保温销售，每盘量不大，卖完后再炒。

熊猫快餐餐盒的设计很简单，在一个盒中，一边是米饭，一边是菜，还有一杯可乐，看起来很简单的搭配，其实这里的内涵就是标准化。由于供应对象是以美国人为主，有的品种在保留中餐制作的基础上，进行了味道上的调整。产品设计以“中西合璧”为烹调出发点，以“因地制宜”为买卖着力点，千方百计满足美国人的饮食习惯和口味特色，正是由于熊猫快餐逐步迎合了美国人普遍喜欢“甜酸味又略带一点辣”的独特口味要求，使得越来越多的美国食客迷上了“美式中餐”。通过改进后中西结合的“咕老肉”、微甜的“橘烤鸡块”等产品，不仅深受消费者的喜爱，而且现场操作简单、快速，标准化程度高。熊猫快餐三个主要特点见表3.4。

表3.4　熊猫快餐三个主要特点

主要特点	具体内容
菜品现点现做	承袭了中餐馆“现炒现卖”的传统，保证饭菜的新鲜和营养
堂吃、外卖兼营	以快餐店的效率，提供比快餐品质更全面的日常外卖服务
价格合理	适应大众要求经济实惠的日常饮食消费需求

熊猫快餐在食物新鲜、快捷方便、价格实惠三方面都占有优势，也迎合了美国主流社会消费者希望彻底从厨房中解放出来的思想，因而在美国已经培养出一大批熊猫快餐迷。

2. 北京和合谷快餐

和合谷的菜品研发符合北京人口味是一个关键因素。和合谷从猪肉、鸡肉、牛肉、海鲜、豆腐、蔬菜等中国人最常食用的食物品种入手，并在此基础上做味型的研发，开发出鱼香、东坡、麻婆、花生猪手、西施羹等八个品种，谓之“八大金刚”。之所以如此选型，是因为豆腐本身在中国是最家常的东西，麻婆豆腐本身又是餐饮菜类的经典。把这些经典转化成快餐，客人点餐时自然变为习惯。

在学习洋快餐的基础上，和合谷并没有忘记创新，在“八大金刚”的基础上，和合谷的另外一个秘诀是“老九不能少”。所谓“八大金刚，老九不能少”包含着两个意思，一个是实行八大金刚菜品的末位淘汰制，永远在储备主菜品的第九个、第十个、第十一个，以保证前面八大金刚在变化中处于相对稳定的状态，又能用后面的储备品种更新菜品；另一个就是在八个主菜品不变的情况下，以每周或者是每月的频率推出一个新的菜品款式，保留时间不会太长，实现新菜品不定期更换。到今天为止，和合谷已经实现了60多个菜品的创新。

和很多快餐企业一样，和合谷没有厨师，也没有厨师长，但和很多快餐企业又不同，和合谷有自己的快餐研究所，负责菜品的开发和工艺研究。

第三节　快餐生产工艺体系

由于快餐企业所生产的产品与消费者的身体健康密切相关，其加工工艺和流程的主要决策应该与整个生产体系的设计相吻合，因此产品设计需要全面确定整个产品的结构、规格来确定整个生产系统的布局，具有“牵一发而动全局”的重要意义。如果一个产品的设计缺乏生产观点，那么生产时就将耗费大量费用来调整和更换设备、物料和劳动力。相反，好的产品设计，不仅表现在功能上的优越性，而且便于制造，生产成本低，从而使产品的综合竞争力得以增强。

现代快餐产品设计一定要与快餐生产工艺体系相适应，改变传统的占用商业用房做后厨的生产方式，需要建立中央厨房，从仓储、原料采购、初加工、素菜加工、荤菜加工到配送都由中央厨房统一完成，在每个分店只负责简单的现场加热，在这方面以西式快餐最为典型，其生产产品的所有操作均依照温度显示和定时器的指示进行，整个过程实现完全标准化，从而确保食品的优质、稳定和口味的始终如一。

现代快餐企业要求工业化程度越来越高，其配餐中心与其说是一个生产中心，不如说是一个食品加工厂，各分店所需要的各种主食、菜品、汤粥、小食品的成品、半成品及标准化调味料（调料包）等都是由配餐中心统一生产、配送。

现代快餐企业在已具备一定条件和实力的基础上，要建立自己的配餐中心，实现标准化和工厂化生产。通过集中采购，统一加工，保证质量，降低成本，节省经营空间，发挥规模效应。

1. 各分店与原料供应商及中央厨房的关系（图 3.3）

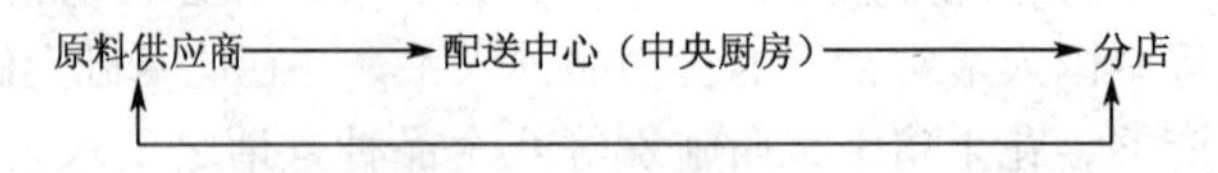

图 3.3　各分店与原料供应商及中央厨房的关系

2. 配送中心与分店的生产功能（图 3.4）

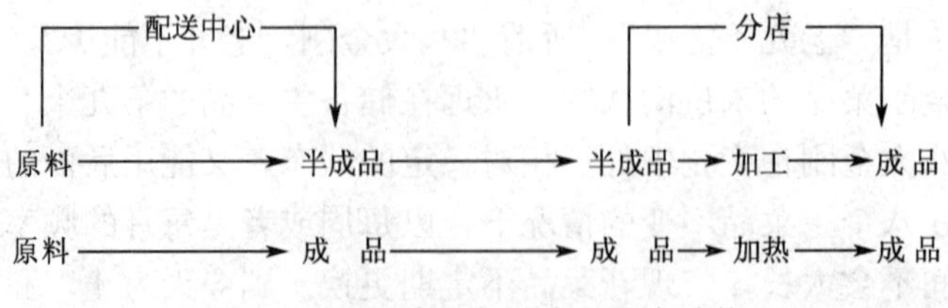

图 3.4　配送中心与分店的生产功能

一、快餐生产工艺体系

现代快餐产品的生产有其自身的特点，生产量大，工业化程度高，有严格的质量标准及操作规程来控制产品质量，减少人为因素的影响。在现代快餐中，有人将快餐产品从生产到销售一共分为十个环节，其中六个环节与食品加工有密切关系。快餐产品设计的中心任务必须满足快餐生产工艺体系的要求，因此，快餐生产工艺体系的建立就显得尤为重要。

目前无论是团膳还是商膳，大型快餐企业每天的生产量都是比较大，有的其生产规模都在5000份/班产以上，甚至班产可达一万至几万份。由于生产规模的扩大，原料的供应量、储藏量、切配量随之加大；加热调理量、配餐量、配送量、餐具洗涤消毒保管量变得十分巨大，是一个集约采购、集约加工、集约配送的庞大体系统。快餐生产体系主要内容有：

快餐中央厨房的生产与食品加工有着许多相同点，根据快餐产品的特点，建立生产工艺体系。快餐生产工艺体系主要内容见表3.5。

表3.5 快餐生产工艺体系主要内容

快餐生产工艺体系	主要内容
快餐生产原材料分类与加工规范	动物性原材料分类与加工规范 植物性原材料分类与加工规范 矿物质原材料分类与加工规范 人工合成原材料分类与加工规范
快餐标准化生产工艺流程基本规范	快餐生产工厂卫生规范 快餐生产产品定性、定量标准 快餐生产产品工艺流程基本规范 快餐生产产品检测标准
快餐产品质量标准	产品营养标准 产品卫生标准 产品感观标准 产品包装标准

二、快餐中央厨房

对于现代快餐连锁企业来说，中央厨房起着举足轻重的作用。在一定区域内，由一个中央厨房统一生产销售产品，它是快餐企业的心脏和血管，它将产品输送到每一个连锁店，保障着整个快餐连锁企业的生存和发展。中央厨房最大的好处就是通过集中规模采购、集中生产来实现产品的质优价廉，在需求量增大的情况下，采购量增长相当可观。采用中央厨房配送后，比传统的配送要节约30%左右的成本。

（一）中央厨房的定义及分类

1. 中央厨房的定义

中央厨房又称中心厨房或配餐配送中心。中央厨房是指将食品工业向餐饮业渗透，满足广大民众日常的饮食需要，应用专业的机械化、自动化设备，大量生产营养均衡、美味可口、节时便利的快餐食品的生产场所。也就是说，中央厨房是一个生产快餐食品的工厂。在这个工厂里，根据快餐食品的生产工艺要求，配备专门的生产设备（称之为中央厨房设备）；这样既有单独的食品加工设备，也有机械化、自动化功能的快餐食品生产线。

中央厨房是一个集约采购、集约加工、集约配送的庞大系统。中央厨房采用巨大的操作间，采购、选菜、切菜、调料等各个环节均有专人负责，半成品和调好的调料，用统一的运输方式，在指定时间内运到各分店。

2. 中央厨房主要的分类

根据快餐企业实际的情况，建立适合企业自身的中央厨房，目前中央厨房主要的分类及特点见表3.6。

表3.6 中央厨房的分类及特点

中央厨房的分类	中央厨房的特点
直接型	企业自己投资，建立集产品生产加工、配餐配送、商流物流于一体的现代工厂，直接给各快餐连锁店统一加工配送成品、半成品和主要商品
松散型	快餐连锁店所需的成品、半成品和主要商品，统一采购订货，分别由不同的厂商承担，由厂商直接配送
直接松散型	部分由自己投资建立中央厨房，部分由厂商承担

快餐企业应根据企业的实力及特点，量力而行，采取分步实施的办法，逐步配置，逐步完善，由小型向大型发展，建立与之相适应的中央厨房。

（二）中央厨房的主要功能

通过建立中央厨房，实行统一原料采购、加工、配送，精简了复杂的初加工操作，操作岗位单纯化，工序专业化，有利于提高快餐业标准化、工业化程度，是目前快餐业实现规范化经营的必要条件，只有这样才能在一定规模基础上产出规模效益，实现烹饪的社会化。中央厨房的主要功能见表3.7。

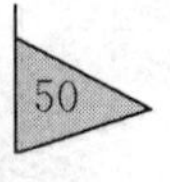

表 3.7 中央厨房的主要功能

主要功能	具体内容
集中采购	根据各连锁分店提出的要货计划，选择质优价廉、服务好的供应商作为供货伙伴，统一向市场采购原辅材料
生产加工	按照品种规格和质量标准，加工成标准统一的成产品和半成品
严格的检验	对所采购的原辅材料及中央厨房所生产的成品或半成品进行严格的质量检验
统一包装	根据快餐企业对包装的要求，对各种成品和半成品，进行一定程度上的包装，并注明保存温度、时间等注意事项
冷冻贮藏	一方面贮藏加工前的原辅料，一方面贮藏生产包装完毕但尚未送到连锁店的成品和半产品
运输功能	将各分店所需的产品及时送到
商品信息处理	中央厨房与各门店的电脑网络，可及时调节各类产品的生产进度

中央厨房的规模和功能一定要以市场为导向。中央厨房是实现集约化、规模化、标准化生产的条件的场所。根据企业的供餐对象、供餐特点、生产规模，确定冷热链中央厨房功能分配比例。中央厨房充分体现了集约生产、集约配送的功能，为快餐规模化、标准化、工业化生产创造了必要的条件。

快餐市场好比是“一辆车”，中央厨房就是“一匹马”，多大的“车”就配多大的“马”。随着快餐产业链的逐步打造，快餐企业之间的资源互补、共享的机会越来越多。例如，原料基地、切配中心，可分区域地组织起来，形成集约化的物流中心；主食生产、菜肴生产和配送中心可形成各自独立系统或企业等。在此基础上，中央厨房才能有效发挥应有的作用和功效。

（三）中央厨房的主要任务

中央厨房的主要任务就是做好为连锁门店的服务，根据各连锁门店的要货计划，集中采购原辅料，并将其成品和半成品，定时送到各连锁门店。具体来说是将原料按菜单分别制作加工成半成品或成品，配送到各连锁经营店再进行二次加热和销售组合后销售给各顾客，也可直接加工成成品与销售组合后直接配送销售给顾客。

快餐产品工艺科学化主要体现在加工过程定量化、加工过程合理化、加工设备专门化，即产品生产工艺标准。在工艺标准中对产品的原料、原料粗加工、精加工、加热调理、计量分装、保温保鲜、包装存储等工艺过程进行定量的、准确的、可操作的规定。因此，在快餐工艺标准的制订和实施过程中，离不开中央厨房及其专门化的设备来达到快餐品种的质量标准要求。

支撑中央厨房正常运转的不仅仅有高效的工业生产，还有食品安全检测系统、信息管理系统、冷链与配送系统。尤其是冷链配送系统，对保证菜肴品质提高和配送能力的增强起着非常重要的作用。工业化生产不仅能提高餐饮生产效率，而且能通过严格的生产体系提高食品安全水平，确保吃上“放心快餐”。

随着快餐中央厨房的出现，中央厨房也成为我国主食工程、早点工程、餐桌工程、厨房工程的重要内容，快餐内涵更加丰富多样，服务功能不断增强。

三、快餐中央厨房实例

丽华快餐中央厨房总投资5000万元人民币，占地两万多平方米，加工面积一万多平方米，工厂相关功能区域配套齐全，包括：食品加工处理区、辅助生产区，检验研发区，办公区域和员工生活、就餐场所。引进日本先进技术的全自动米饭生产线、欧洲智能化切配机械、全自动洗菜机。工厂实行封闭式管理，确保生产环境的安全卫生。全自动米饭生产机、米饭分装车间见图3.5和图3.6所示。

图3.5　全自动米饭生产机

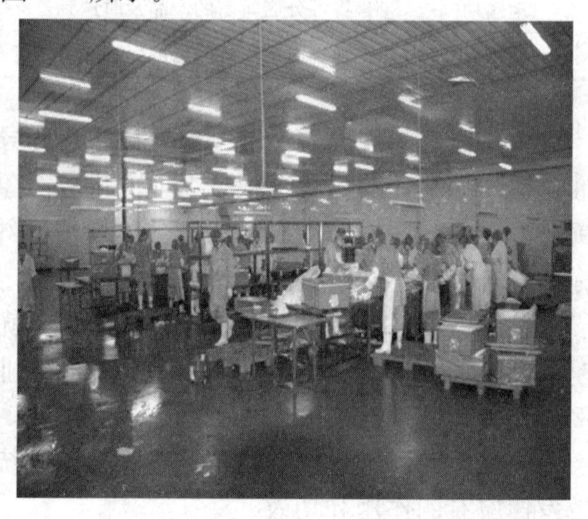

图3.6　米饭分装车间

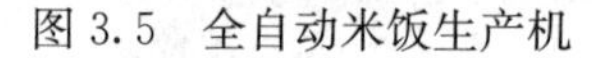

传统餐饮产品向快餐产品转化的过程，这个转化过程称为快餐化。快餐是以传统餐饮为基础，以食品科学向餐饮业渗透，烹饪走向科学化，以实现烹饪社会化为目的。

快餐产品设计是确定产品，形成系统目标以及提出设计方案的一种总体设计方法。它涉及两类基本要素，一类是科学性因素，一类是非技术因素。

现代快餐产品设计一定要与快餐生产工艺体系相适应，改变传统的占用商业用房做后厨的生产方式，需要建立中央厨房。

中央厨房的主要任务就是做好为连锁门店的服务，根据各连锁门店的要货计划，集中采购原辅料，并将其成品和半成品，定时送到各连锁门店。

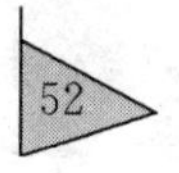

（1）快餐产品设计的影响因素有哪些？

（2）快餐生产工艺体系包括哪些内容？

（3）中央厨房的功能与任务是什么？

（4）关于快餐品种数量的多少问题你有何见解？

（5）简述传统餐饮的快餐化涵义。

（6）简述快餐产品设计的特点。

菲律宾“超群”的产品确定

在菲律宾有一家中式快餐连锁企业名为“超群”，是由当地华人于1985年创办的，目前在菲全国各地有205家分店。其主要的快餐产品是包子、面条、馄饨、米饭加炒菜套餐等地道的中餐食物，与在菲律宾经营最成功的洋快餐麦当劳拥有一样多的分店。

为了使顾客在点餐时能够尽快做出选择，避免顾客在菜单前眼花缭乱、无所适从，“超群”根据科学的统计和调查，把菜单上的食物数目最后确定在37种左右。同时为了满足顾客不断变化的口味，“超群”每3个月推出一种新产品，替换掉一种相对不受欢迎的老产品，这种淘汰法使超群的产品精益求精。

“超群”在一种产品推向市场之前，都要经过一系列试验和检验，其内容主要包括产品味道、颜色、产品是否适合于快餐加工、需要多长时间烹制和保鲜期限等。研发部门还需要确定新产品所需的原料是否整年都有充足的供应。一种产品初步测试可被消费者接受后，还要先投放到一个试验市场，再次确认后才能出现在所有分店的菜单上。每种产品每隔一段时间都要进行重新研究、评估和改良，以保证使顾客满意。

深圳面点王产品设计的特点

一、三个克服

1. 克服工艺流程质控点模糊的困难

在快餐产品确定中，新标准克服了工艺流程模糊不清，没有明确的质量控制点；员工在培训标准过程中，不方便记忆；产品制作过程中，不容易掌握技术要点及难点；可操作性较差，技能培训时间较长等问题。

2. 克服工艺参数模糊的困难

新标准克服了传统中式餐饮对关键数据，如调配料种类、火力大小等阐述含糊不清，对关键技术参数，如温度数值、原料配比等不准确描述的缺点。

3. 克服加工工艺复杂的困难

新标准在建立过程中，克服了同一品种原辅料多、加工环节多、规格尺寸多、工艺相对复杂等缺点，始终贯彻复杂工艺简单化的思想，同时充分发挥配送中心的功能，将加工工艺比较复杂的产品，集中到配送中心统一加工，不仅稳定了产品质量，提高了生产效率，而且降低了成本。

二、三个明确

1. 工艺参数明确

为求产品标准数据准确，新标准中的数据都是通过大量的实验和调查得来的。标准初稿形成后，又在多家分店进行了反复实操验证。新的标准中，各种加工参数更加明确。例如，原料配比、规格尺寸、重量要求，甚至连温度都做了明确的规定，杜绝了少许或酌量等模糊不清的用词。例如，一个东北春饼皮，从原料配比、水量、水温、时间、规格等，就有十几个数据来规范。

2. 工艺流程明确

新标准中每个产品的加工流程，根据加工特点，都分成若干个单元操作步骤，例如，一道蒜泥黄瓜，就分为清洗、消毒、刀工、调汁、浇汁等操作单元。整个工艺流程简单明了，便于实际操作和现场培训。

3. 质控点明确

新标准的最大亮点在于增加了质控点部分。所谓质控点就是俗话说的“窍门”，针对每个品种各加工步骤中的技术难点，专门做了详实的阐述，保证略有操作基础的员工稍加培训后，就能按工艺流程制作出合格的产品。

三、新标准培训“三个加强”

1. 加强领导学习和执行新标准

标准需要真正落实到每个岗位、每个员工、每个产品的制作上，这与分店主管掌握

标准的程度有直接关系。只有加强主管和助理的标准培训，才能有效培训员工，才能有效监督。

2. 加强领导学习新标准的考核

充分利用生产例会和日常检查，对分店厨房领导和员工进行标准理论知识和实操技能的考核，考核结果将计入个人半年和全年考评。

3. 加强对新标准贯彻落实的日常监督

提高质量监督员对标准的把握和对出品的评判能力，以标准为依据，严格、准确、公平、公正的评判和指导分店质量管理，督促新标准的有效落实。

第四章　快餐产品直接成本控制

（1）熟悉快餐产品直接成本控制的意义及内容。
（2）掌握快餐产品直接成本控制的方法。
（3）运用快餐产品直接成本控制的方法进行生产管理。

（1）快餐产品直接成本控制的生产流程。
（2）快餐产品直接成本控制的具体方法和措施。
（3）快餐业成本结构。
（4）快餐产品产生成本的主要流程。
（5）快餐产品成本的核算。

很多快餐店对成本的控制不屑一顾，认为只要有人来用餐，当天的菜肴都卖出去了，就算万事大吉。这恰恰是很多快餐店经营失败的主要原因。上海的红高粱快餐厅曾经名噪一时，其经营失败的原因之一就是缺乏成本控制与监督机制。当时市场上 7 元/斤就可以买到的牛肉，若以 9 元/斤购入，而且采购量非常大，这样就会白白让金钱流入他人的腰包，给企业造成巨大的损失，因此，成本控制的重要性不容忽视。

麦当劳公司有严格的成本控制和监督制度，公司总部制作食品检查表、柜台工作检查表、全面营运评价表和每月例行考核表等；对各分店的账目、银行账户、月报表、现金库和重要档案等资料定期检查，保证产品质量，严格控制产品成本。

快餐企业的成本控制是要保证和提高产品的质量，绝不能片面地为了降低成本而忽视产品的品种和质量，更不能为了片面追求眼前利益，采取偷工减料、冒牌顶替或粗制滥造等途径来降低成本，最终会使企业丧失信誉，失去品牌竞争力。

第一节　快餐产品直接成本控制内容

一、快餐业成本控制的意义

快餐店经营的最终目的是赚取合理的利润。随着快餐市场环境的变化，竞争对手越来越多，以及宏观经济形势的影响，餐饮市场也在发生较大的变化，市场竞争日趋激烈，高利润时代已经成为过去。从内部管理抓利润，加强财务管理，降低成本，获得最大的利润。

在快餐企业的发展战略中，成本控制处于极其重要的地位。如果同类快餐产品的效能、质量相差无几，决定产品在市场竞争的主要因素则是价格，而决定产品价格高低的主要因素则是成本，因为只有在保证质量的前提下降低了成本，才有可能降低产品的价格。而最后能够最有效、最准确控制成本的企业，才能在竞争激烈的市场中胜出！

二、快餐业成本结构

快餐业的成本结构，可分为食材成本和费用成本两大类。所谓食材成本，是指餐饮成品中具体的相关食物材料费用，包括原料成本和产品成本及饮料成本，这些是快餐成本中最主要的支出。所谓费用成本，是指操作过程中所引发的其他费用，包括管理人员的人事费用和经营必需的租金、水电费、设备装潢的折旧费、利息、税金、保险等其他杂费。快餐店成本的构成主要有：

（1）原料成本，即构成产品原材料的采购成本。

（2）产品成本，即从原料经过加工的过程到成品销售所产生的成本，而相对产品成本都会较高于原料成本。

（3）费用成本，即营业店相关的费用，而这费用又分为固定成本及变动成本两种。

固定成本指的是无法改变的费用，如租金等。

变动成本指的是可以控制改变的费用，如人事费、福利费、保险费、水电费、折旧费、摊提费、广告费、餐具费、杂费、交通费、文具费、交际费、邮电费、修缮费等其他费用。某餐饮管理有限公司利润分析如表 4.1 所示。

三、快餐直接成本控制的基本内容

（一）原材料采购控制

1）原料成本控制

原料成本是快餐业最大的直接变动成本，它直接影响着快餐企业的利润。快餐业成本控制要在保证产品质量的前提下，降低原材料消耗、提高出品率、减少浪费。现在快餐业越来越多，企业要保持控制低成本才能具有竞争力。

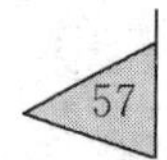

表 4.1　某餐饮管理有限公司利润分析表

年　月

<table>
<tr><td>科目</td><td>实际数</td><td>预算数</td><td>达成率</td><td colspan="2">销售成本明细：</td><td rowspan="20">毛利及费用异常说明：</td></tr>
<tr><td>销货收入</td><td></td><td></td><td></td><td>茶叶</td><td></td></tr>
<tr><td>销货成本</td><td></td><td></td><td></td><td>牛奶</td><td></td></tr>
<tr><td>销货毛利</td><td></td><td></td><td></td><td>果泥</td><td></td></tr>
<tr><td>毛利率</td><td></td><td></td><td></td><td>自购</td><td></td></tr>
<tr><td>营业费用</td><td></td><td></td><td></td><td></td><td></td></tr>
<tr><td>单位净利</td><td></td><td></td><td></td><td></td><td></td></tr>
<tr><td>销货折让</td><td></td><td></td><td></td><td>合计</td><td></td></tr>
<tr><td colspan="6">营业费用明细：</td></tr>
<tr><td>科 目</td><td>实际数</td><td>预算数</td><td>科 目</td><td>实际数</td><td>预算数</td></tr>
<tr><td>租 金</td><td></td><td></td><td>交通费</td><td></td><td></td></tr>
<tr><td>薪 资</td><td></td><td></td><td>什项购置</td><td></td><td></td></tr>
<tr><td>文具用品</td><td></td><td></td><td>杂 费</td><td></td><td></td></tr>
<tr><td>邮电费</td><td></td><td></td><td>福 利</td><td></td><td></td></tr>
<tr><td>修缮费</td><td></td><td></td><td>养 老</td><td></td><td></td></tr>
<tr><td>水电煤费</td><td></td><td></td><td>保 安</td><td></td><td></td></tr>
<tr><td>各项折旧</td><td></td><td></td><td>清洁费</td><td></td><td></td></tr>
<tr><td>各项摊体</td><td></td><td></td><td>职训费</td><td></td><td></td></tr>
<tr><td>合 计</td><td colspan="5"></td></tr>
</table>

2）原材料采购计划和审批控制

生产车间或厨房部的负责人每天根据本企业的经营收支、物资储备情况确定物资采购量，并填制采购单报送采购部门。

3）严格的采购询价报价控制

财务部设立专门的物价员，定期对日常消耗的原辅料进行广泛的市场价格咨询，坚持货比三家的原则，对物资采购的报价进行分析反馈，发现有差异及时督促纠正。

（二）原材料保管控制

1）采购验货制度控制

采购环节在直接成本控制中至关重要，库存管理员对物资采购实际执行过程中的数量、质量、标准与计划以及报价，通过严格的验收制度进行把关。

2）报损报丢控制

对于原材料的变质、损坏、丢失应该制订严格的报损报丢制度，并制订合理的报损率，报损由部门主管上报财务库管填写报损单，报损品种需由采购部经理鉴定分析后，签字报损。

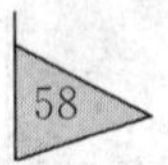

3）物资库存量控制

根据企业的经营情况合理设置库存量的上下限，控制库存是控制直接成本的有力措施，库存企业应及时减少采购库存量，或停止长期滞销菜的供应，避免原材料变质造成的损失。

4）出入库及领用控制

制订严格的库存管理出入库手续，以及各部门原辅料的领用制度，鲜活、肉蛋、调料、杂品和饮料等制订不同的领用手续，是控制成本降低原料流失率的基本措施。

（三）产品生产过程的控制

1）标准成本控制

控制标准单位产品的成本，就是控制各项支出的比例单位。若以食品成本为例，单位食品成本也指单个食品的原料或半成品购入时的价格，但不包括处理时的人工费和其他费用。食物成本比例取决于三个因素：采购时的价格、单位产品的分量、单位产品售价。

2）实际操作成本控制

快餐业在生产服务操作上常会碰到一些意料之外的障碍，有时是因为主观因素而导致浪费，有时是客观因素而影响原料成本，这些因素都会直接反映到操作成本上。所以真实地记录操作过程的花费，并对照预估的支出标准，可以立即发现管理的缺失，及时改善控制系统。

影响操作成本的因素有：运送错误、储藏不当、制作消耗、生产加工缩水、单位产品份量控制不均、服务不当、有意或无心的现金短收、未能充分利用剩余原料和产品、员工偷窃、供应员工餐饮之用等诸多因素。

3）能源费用控制

能源开支是快餐企业非常大的一个支出项目，往往达到营业额的10％左右。每个员工的行为都会影响到能源费用的高低。快餐企业要寻求节能的新方法，在采购、使用、改造过程中，都要考虑节能因素，制订节能措施，通过对企业水、电、燃料的使用情况进行调查，找出节能的具体措施。

4）设备维修控制

设备的投资维修也是企业费用的一项重要支出。对设备的管理要“预防性维护”。要加强设备的日常维护保养，延长设备使用寿命、保证经营活动能够正常开展。

（四）生产服务人员的管理控制

1）人员薪酬控制

快餐企业要在《劳动合同法》的指导下合理制订员工薪酬，企业在充分调查同行业同类型的前提下，结合自身生产产品和服务的实际情况合理制订员工薪酬，一般快餐人事费用成本最好不要超过12％。

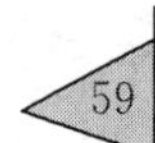

2）人员管理制度控制

快餐企业在国家劳动法律法规政策的指导下，根据企业文化和特色制订《员工管理手册》，其内容包括劳动权利、劳动义务、奖惩条例、请假条例和解聘事项等条款。

3）企业文化和价值理念引导

在竞争激烈而又微利的快餐业，企业文化和企业价值理念是实现企业做大做强的有力文化保障，是快餐企业长期生存和发展的必须条件。通过优秀的企业文化和价值理念引导，创建勤俭节约的良好企业文化，制订合理的成本费用考核奖惩制度，并建立由专人负责的监督检查体系，全面的成本控制体系就建立起来了。成本控制的加强，必然能导致经济效益的提升，从而为提高产品竞争力，扩大快餐企业知名度，创造利润最大化奠定坚实的基础。

（五）减少或杜绝废品损失的控制

1）不合格产品的控制

快餐企业对生产的不达标产品应合理利用，可进行产品分解再回炉加工，或将不合格产品直接转做他用。

2）废品损失控制

快餐企业对产品废品进行合理处理，如重新转做其他产品、卖给饲料厂家等。

因此，快餐产品直接成本控制的各环节需快餐企业综合考虑，将每个步骤详细研究，综合分析，制订最佳直接成本控制方案。

四、快餐产品成本控制与酒店菜品成本控制的异同

快餐产品因其产品的生产特性在成本控制方面与酒店所供应菜品的成本控制有较大区别，但都是饮食产品，其成本控制既有不同点，又有相同点。快餐产品与酒店菜品成本控制比较见表4.2所示。

表4.2　快餐产品与酒店菜品成本控制比较

项目＼内容	快餐产品	酒店菜品
不同点	有严格的标准化生产工艺，成本相对固定 产品数量和质量可预计控制 人员较少，工业化程度高 生产管理制度性强，成本控制相对容易 品种较少，制售快捷、机械化程度高、设备先进 可直接向消费者销售，也可间接销售	允许制作工艺发生变化，成本可变动 产品数量和质量随经营和消费的变化而变化，具有不确定性 人员较多，手工生产为主 生产过程可变因素多，成本管理难度较大 品种较多，工序复杂，以手工操作为主，设备相对落后 直接向消费者销售服务为主

续表

项目＼内容	快餐产品	酒店菜品
相同点	生产工序复杂，生产环节较多，成本控制难度较大 保存期较短，即时服务型产品，成本控制要求高 操作技术性强，需专业人员制作 生产成本由多项环节共同构成，成本控制复杂	

第二节　快餐产品直接成本控制方法

快餐企业的成本核算是合理精确核定产品售价的基础，通过对产品成本和税费科学准确地计算，使企业管理人员对成本费用信息了如指掌，能促使管理者进而对企业产品成本、各种费用、税费的掌控，最终能够加强成本费用的管理，促使合理降低成本，促进企业改善经营管理，提高企业的经济效益。快餐业要想有长期效益，要从战略的高度来实施直接成本控制，用具体战术方法控制费用支出，要提高生产力、缩短生产周期、增加产量并确保产品质量。

一、快餐产品产生成本的主要环节

快餐产品成本按产品形成的过程可分为以下三个方面。

1. 产品投产前研发成本

投产前成本内容主要包括：产品设计成本、加工工艺成本、物资采购成本、生产组织方式、材料定额及人员劳动定额等。这些内容对直接成本的影响最大，快餐产品直接成本的70%取决于这个阶段的成本控制工作的质量。这项控制工作属于事前控制，在控制活动实施时真实的成本还没有发生，但它决定了成本将会怎样发生，基本上决定了产品的成本水平。

2. 制造成本

制造过程是直接成本实际形成的主要阶段。绝大部分的直接成本支出在这里发生，包括原材料、人工、能源动力、各种辅料的消耗、工序间物料运输费用、车间以及其他管理部门的费用支出。投产前控制的种种方案设想、控制措施能否在制造过程中贯彻实施，大部分的控制目标能否实现和这阶段的控制活动紧密相关。但在此环节由于成本控制的核算信息很难做出及时反馈，会给直接成本控制带来很多的困难。

3. 流通成本

流通成本包括产品包装、现场服务、厂外运输、广告促销、销售机构开支和售后服务等费用。在目前强调加强企业市场管理职能的时候，很容易不顾成本地采取种种促销手段，反而抵消了利润增量，所以也要做定量分析。产品生产案例图解如图 4.1 所示。

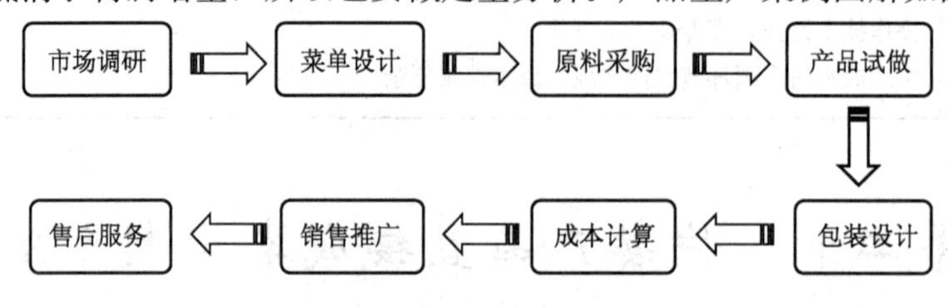

图 4.1 产品生产案例图解

二、快餐产品直接成本控制方法

快餐产品的直接成本控制，就是对直接成本形成的各种因素和每个步骤，按照事先拟定的制度标准严格加以监督，发现偏差及时采取措施加以纠正，从而控制企业研发、生产、销售、服务过程中的各项资源的消耗和费用开支在规定的标准范围之内。

（一）餐饮成本核算

成本核算是进行餐饮产品定价的基础，因为餐饮产品的定价是以餐饮成本为前提的，餐饮成本的核算与其他不同业态企业相比，有其自身的特点，因此，进行餐饮成本核算首先必须了解餐饮成本的特点及餐饮成本的构成内容。

1. 餐饮成本核算的特点

1）餐饮成本核算难度大

餐饮企业的经营管理不同于普通的商业企业或工业企业，餐饮生产的特点是先有顾客，再安排生产，并且现生产现销售，因此给餐饮管理和成本核算带来一定的难度。

2）销售量难以预测

餐饮企业很难预测某一天到底会有多少顾客光临，光临的顾客又会有多少消费额等，这一切可以说都是未知数，因此最终会消耗多少原材料也难以准确地计算出来，只能是凭客人的预定和管理人员的经验来预测，所以难免会有一定的误差。

3）原材料的准备难以精确估计

正因为销售量难以预测，餐饮企业所需的原材料数量也难以精确估计，因此需要较多的原材料库存作为物质保证及销售所需，但原材料的库存过多会导致其损耗或变质，并增加库存费用，而原材料的库存过少又会造成供不应求，并增加额外的采购费用。这

就要求餐饮企业具有较为灵活的原料采购机制。

4）单一成本的成本核算难度大

餐饮产品种类繁多，每次生产的数量零星，并且一边生产一边销售。另外餐饮产品的原材料成本随着市场、季节、消费者的需求而经常变化，因此按产品逐次进行成本核算几乎是很困难的。这就要求企业建立相应的成本核算和控制制度，以确保企业的既得利益。

5）餐饮成本构成简单

生产加工企业的产品成本包括各种原材料成本、燃料和能源费用、劳力成本、企业管理费等，而餐饮成本仅包括所耗用的原材料成本，即主料、配料和调料，其构成要比其他企业的产品成本简单很多。

6）餐饮成本核算与成本控制直接影响利润

餐饮企业的每日用餐人数及其人均消费都不固定，说明每日销售额各不相同，具有较大的伸缩性。通过加强管理，创造餐饮经营特色等方法可以增加营业收入，但其利润的多少却取决于成本核算与成本控制。

2. 餐饮成本的构成内容

1）主料、配料成本的核算

餐饮企业使用的各种原材料，有不少鲜活品种在烹制前要进行初步加工。在初步加工之前的食品原材料一般称为毛料，而经过屠宰、切割、拆卸、拣洗、涨发、初制等初步加工处理，使其成为可直接切配烹调原料则称为净料。原料经初步加工后，净料与毛料不仅在质量上有很大区别，而且在价格、等级上的差异也较大。

（1）净料率的计算。净料率是指食品原材料在初步加工后的可用部分的质量占加工前原材料总质量的比率，它是表明原材料利用程度高低的重要指标，其计算公式为

净料率＝加工后可用原材料质量/加工前原材料总质量×100％。

实际上，在原材料质量一定，同时在加工方法和技术水平一定的条件下，食品原材料在加工前后的质量变化，是有一定的规律可循的。因此净料率对成本的核算，食品原材料利用状况分析及其采购、库存数量等方面都有着很大的实际作用。下面用几个实例来看看原料的净料率的计算方法。

［实例 4.1］

某餐饮企业购入带骨牛肉 16 千克，经初步加工处理后剔出骨头 4 千克，求牛肉的净料率。

牛肉的净料率＝加工后可用原材料质量/加工前原材料总质量×100％

＝（16－4）/16×100％＝75％。

(2) 净料成本的核算。净料成本的核算根据原料的具体情况有一料一档及一料多档之分。一料一档是指毛料经初步加工处理后，只得到一种净料，没有可供作价利用的下脚料。一料一档的净料成本核算公式为

净料成本＝毛料净价总值/净料总质量。

[实例 4.2]

某餐饮企业购入原料甲 15 千克，净价 5.7 元/千克。经初步加工处理后得净料 11.25 千克，下脚料没有任何利用价值。求原料甲的净料成本。

原料甲的净料成本＝毛料净价总值/净料总质量

＝15×5.7/11.25

＝8.6（元/千克）

如果毛料经初步加工处理后，除得到净料外，尚有可以利用的下脚料，则在计算净料成本时，应先在毛料总值中减去下脚料的价值，其计算公式为

净料成本＝（毛料净价总值－下脚料价值）/净料总质量。

[实例 4.3]

某餐饮企业购入原料甲 10 千克，进价 6.8 元/千克。经初步加工处理后得净料 8.5 千克，下脚料 1 千克，单价为 2 元/千克，废料 1.5 千克，没有任何利用价值。求原料甲的净料成本。

原料甲的净料成本＝（毛料净价总值－下脚料价值）/净料总质量

＝（10×6.8）－（1×2）/8.5

＝8.8（元/千克）

(3) 一料多档的净料成本核算。一料多档是指毛料经初步加工处理后得到一种以上的净料。为了正确计算各档净料的成本，应分别计算各档净料的单位价格。各档净料的单价可根据各自的质量，以及使用该净料的菜肴的规格，首先决定其净料总值应占毛料总值的比例，然后进行计算。其计算公式为

该档净料成本＝（毛料进价总值－其他各档净料占毛料总值之和）/该档净料总质量。

[实例 4.4]

某企业购入鲜鱼 60 千克，进价为 9.6 元/千克，根据菜肴烹制需要进行宰杀、剖洗分档后，得净鱼 52.5 千克，其中鱼头 18.5 千克，鱼中段 22.5 千克，鱼尾 12.5 千克，鱼鳞、内脏等废料 8.5 千克，没有利用价值。根据各档净料的质料及烹调用途，该餐饮企业却订鱼头总值应占毛料总值的 35%，鱼中段占 45%，鱼尾 20%，求鱼头、鱼中段、鱼尾的净料成本。

鲜鱼进价总值＝60×9.6＝576 元。

鱼头的净料成本＝（鲜鱼进料总值－鱼中段、鱼尾占毛料总值之和）/鱼头进料总重量
＝576－（576×45%＋576×20%）/17.5
＝20.16/1.75
＝11.52（元/千克）。

鱼中段的净料成本＝（鲜鱼进料总值－鱼头、鱼尾占毛料总值之和）/鱼中段进料总重量
＝576－（576×35%＋576×20%）/17.5
＝259.2/22.5
＝11.52（元/千克）。

鱼尾的净料成本＝（鲜鱼进料总值－鱼头、鱼中段占毛料总值之和）/鱼尾进料总重量
＝576－（576×35%＋576×45%）/17.5
＝115.2/12.5
＝9.22（元/千克）。

因此分档定价后，鱼头、鱼中段、鱼尾的净料总值及平均的净料成本分布为

鱼头的净料总值＝（11.52元/千克×17.5千克）＝201.6元。

鱼中段的净料总值＝（11.52元/千克×22.5千克）＝259.2元。

鱼尾的净料总值＝（9.22元/12.5千克）＝115.2元。

平均的净料成本＝10.97元/千克。

2）调味品成本的核算

（1）单件产品调味品成本的核算。单件制作的产品的调味品成本也称个别成本。餐饮企业中大多数单件烹制的热菜的调味品成本均属这一类。在核算此类调味品成本时，首先应将各种不同的调味品的用量估算出来，然后根据其进货价格分别计算其金额，最后逐一相加即可。其计算公式为

单件产品调味品成本＝单件产品耗用的调位品（1）的成本＋单件产品耗用的调位品（2）的成本＋…＋单件产品耗用的调位品（N）的成本

［实例4.5］

某快餐店烹制香菇菜心一份，耗用的各种调味品数量及其成本分别是：猪油50克，12.5元/千克；精盐2克，0.8元/千克；料酒10克，1.8元/千克；味精2克。12元/千克。求香菇菜心的调味料成本。

根据单件产品调味品成本的计算公式：

香菇菜心的调味品成本＝单件产品调味品成本＝单件产品耗用的调位品（1）的成本＋单件产品耗用的调位品（2）的成本＋…＋单件产品耗用的调位品（N）的成本
＝0.05×12.5＋0.002×0.8＋0.01×1.8＋0.02×12
＝0.625＋0.0016＋0.0018＋0.024＝0.67（元）。

（2）批量产品平均调味品成本的核算。平均调味品成本也称综和成本，是指批量生产的菜肴或点心的单位调味品成本，餐饮企业中的点心类产品、卤制品等的调味品成本都属于这一类。用公式表示为

批量产品的平均调味品成本＝批量产品耗用的调味品总成本/批量产品总量。

[实例 4.6]

某快餐店的面点加工制作2.5千克豆沙馅，制作豆沙包100只，耗用的各种调味品数量及其成本分别为：砂糖1.5千克，4.4元/千克，猪油0.2千克，12.5元/千克。求每只豆沙包的调味品成本。

豆沙包平均调味品成本＝批量产品调味品总成本/批量产品总量
＝（1.5×4.4＋0.2×12.5）/100
＝0.09（元/只）。

3）饮料成本的核算

饮料收入是餐饮收入的重要组成部分。酒水成本是决定酒水价格的依据，酒水销售的成本相对比食品成本要低，因此，酒水成本核算的准确与否更会直接影响餐饮企业的经济效益。

（1）瓶装、罐装饮料成本核算。瓶装、罐装饮料成本的核算较为简单，用公式表示为

瓶装、罐装饮料成本＝进价总成本/瓶（罐）数

[实例 4.7]

某快餐店购入可口可乐10箱（24罐/箱），单价为4.44元/箱，求每罐可口可乐的成本。

每罐可口可乐的成本＝进价总成本/罐数
＝44.4元/箱×10箱/24罐×10箱
＝1.85（元/罐）。

（2）调制饮料成本核算。混合饮料通常需要一至两种及多种辅料，用公式表示为

混合饮料成本＝（单种饮料进价成本/单种饮料包装罐数/单种饮料净重量/千克）×单种饮料所需使用克数（1）＋…＋（单种饮料进价成本/单种饮料包装罐数/单种饮料净重量/千克）×单种饮料所需使用克数（n）的成本。

［实例4.8］

某餐饮店一杯伦敦玫瑰奶茶，其成本组成为需要5g的茶叶、200c牛奶、20g的糖，初采购进货成本为红茶叶28.8元/千克、牛奶9.6元/1瓶（净重1L）、糖8.6元/千克，试计算伦敦玫瑰奶茶的成本。

伦敦奶茶的成本＝（单种饮料进价成本/单种饮料包装罐数/单种饮料净重量/千克）×单种饮料所需使用克数（1）＋…＋（单种饮料进价成本/单种饮料包装罐数/单种饮料净重量/千克）×单种饮料所需使用克数（n）的成本。

＝28.8×5＋9.6/1000×200＋7.6×20

＝0.139＋0.192＋0.153

＝2.212（元/杯）

（二）控制原材料采购方法

1. 专人负责制

在快餐产品成本控制原材料采购方面实现专人负责，采购人员要熟悉业务，善于识别各种货源的规格和质量，懂得各种原料在不同情况下的净料率；掌握哪些原料是畅销货，哪些原料是滞销货，以加强采购工作的针对性。要及时出成本报表，分析成本的合理性，随时与研发人员沟通，对成本中出现的异常、用料的不合理等提出建议；随时到生产车间检查，对生产操作过程中的浪费现象及时指出，提出合理的生产操作程序和标准，尽可能提高产出率，减少浪费。

2. 严格控制原材料采购和审批流程

生产车间或厨房部的负责人每天根据本企业的经营收支、物资储备情况确定物资采购量，并填制采购单报送采购部门。采购计划由采购部门制订，报送财务部经理并呈报总经理批准后，以书面方式通知供货商。

3. 建立采购询价报价体制

对于每天使用的蔬菜、肉、禽、蛋、水果等原材料，根据市场行情每半个月公开报价一次，并召开定价例会，定价人员由使用部门负责人、采购员、财务部经理、物价员、库管人员组成，对供应商所提供物品的质量和价格两方面进行公开、公平的选择。对新增物资及大宗物资、零星急紧采购的物资，须附有经批准的采购单才能报账。设立专门的物价员，定期对日常消耗的原辅料进行广泛的市场价格咨询，坚持货比三家的原则，对物资采购的报价进行分析反馈，发现有差异及时督促纠正。

（三）控制原材料保管方法

1. 建立多部门验货制度

采购员、生产组长、厨师长和库存管理员共同对采购物资的数量、质量、标准与计划以及报价进行验收，通过严格的验收制度进行把关。对于超量进货、质量低劣、规格不符及未经批准采购的物品拒收，对于价格和数量与采购单上不一致的及时查明情况，及时进行纠正；验货结束后库管员要填制验收凭证，验收合格的货物，按采购部提供单价收货；活鲜品种入海鲜池，由海鲜池人员二次验货，并做记录。对于外地或当地供货商所供的活鲜品种，当夜死亡或过夜（第一夜）死损，事先与供货商制订好退货或活转死折价收购协议，并由库管及海鲜池双方签字确认并报财务部。

2. 制订合理的物品损耗率

快餐企业根据自身生产销售情况，制订合理的物品损耗率。对于原材料的变质、损坏、丢失等应该制订严格的奖惩制度和报损报丢制度，由部门主管上报财务库管，按品名、规格、称重后填写报损单，报损品种需由采购部经理鉴定分析后，签字报损。报损单汇总每天报总经理，对于超过规定报损率的须要说明原因。

3. 计算合理的库存量

根据企业的经营情况合理设置库存量的上下限，如果库存实现计算机管理可以由计算机自动报警，及时补货；对于滞销产品，通过计算机统计出数据及时减少采购库存量，或停止长期滞销菜的供应，以避免原材料变质造成的损失。避免资金积压，减少因滞销而带来的原料和产品的损耗，从而扩大销售数额，加速资金周转，提高经济效益。

4. 建立原料出入库及领用制度

制订严格的库存管理出入库手续，以及各部门原辅料的领用制度，鲜活、肉蛋、调料、杂品和饮料等制订不同的领用手续。

(四)控制快餐产品直接成本生产过程的方法

1. 优化生产工艺，减少无形成本损失

快餐企业对产品加工与烹调技术要求较高，是生产工艺环节直接成本构成的决定性工序，是决定产品主配料成本的重要环节。加工烹调工作的优化程度，直接体现出产品的规格、质量，直接影响企业的毛利幅度，与快餐企业的经济效益有着非常密切的关系。因此，搞好产品生产加工工作，提高烹调技术水平，优化产品生产工艺，有着非常重要的意义。

企业要按照规定的标准单位成本向消费者提供质量始终如一的优质产品，也必须优化生产加工工艺，这是决定产品质量好坏的一个重要因素，绝大部分食品的色、香、味、形都是在这一环节中确定的。所有的烹调人员，都应重视烹调过程中的成本核算，保证产品质量，以免出现次品、废品，加大企业的总成本，给企业带来损失。

2. 合理配置生产人员，确定合理的人员工资

合理的人员配置应根据标准生产率，配合客源数量的不同来分配。人员配置时需注意每位员工的工作量及工时数是否合适，管理者先设定服务质量的标准，仔细考量员工的能力、态度及专业知识，然后制订出期望的生产率，以免影响工作质量。

确定合理的人员工资是由标准工时计算出标准工资，预估出标准的薪资费用，然后与实际状况比较、分析，作为管理者监控整个作业及控制成本的参考。人员工资费用是生产服务人员对生产现场的工时定额、出勤率、工时利用率、劳动组织的调整、奖金、津贴等费用。

快餐企业要提高工人生产产品的效率，提升产品成品率，要求生产管理人员监督车间内部作业计划的合理安排，要合理投产、合理派工、控制窝工、停工、加班、加点等。劳资管理部门对上述有关指标负责控制和核算，分析偏差，寻找原因。目前快餐企业多采用定额法确定人员工资，按照业务量和标准成本来测算与人工成本有关的工资、福利费、工作餐、工作服及洗涤费用等，可按照预计的用工人数、级别与各标准成本计算。

3. 节约能源

燃料是快餐产品加工制作必需的物质，是构成产品物质消费成本的一部分，它包括生产产品过程中所耗费的煤炭、柴油、天然气以及电力等。燃料成本在产品直接成本中占有一定的比率，往往达到营业额的10%左右，所以加强燃料成本的核算直接关系到企业的正常经营和发展。快餐企业要寻求节能的新方法，在采购、使用、改造过程中，都要考虑节能因素，制订节能的具体措施。

4. 增加先进设备，减少人工成本

用机器代替人力，是减少人工成本的有效途径，如以自动洗碗机代替人工洗

碗。合理安排生产车间或餐厅内外的设施设备和生产线流程，以减少时间的浪费，提高劳动效率。设施设备的维修也是企业费用的一项重要支出，对设备的管理要“预防性维护”，要加强设备的日常维护保养，延长设备使用寿命、确保经营活动能够正常开展。

5. 建立生产服务人员操作规范，建立SOP标准手册规范

快餐业在生产操作过程中常会碰到一些意料之外的障碍，有时是人为导致浪费，有时是天灾影响原料成本，这些因素都会直接反映到直接成本上。所以建立生产服务人员操作规范，真实地记录操作过程的花费，并对照预估的支出标准，可以立即发现管理的缺失，及时改善控制系统。规范生产服务流程，严防因运送错误、储藏不当、制作消耗、生产加工缩水、单位产品分量控制不均、服务不当、现金短收、未能充分利用剩余原料和产品、员工偷窃、供应员工餐饮等人为因素的影响。

6. 建立生产报表上报制度

快餐企业成本核算的最终目的是为了企业的生产经营管理服务的，生产部门要及时向企业管理层报告快餐产品成本的耗用情况，按时编制快餐产品成本报表，以供企业管理人员及时了解情况，发现、解决、预测问题，促进快餐企业不断改善生产经营管理。快餐产品成本报表的种类主要有日报表和月报表两种。应用“以存计耗法”填写产品成本日（月）报表，见表4.3所示。

快餐产品成本日（月）报表是快餐企业每日（月）都必须填报的，企业需要核算其利润，除了需要日（月）销售金额、日（月）费用总额、日（月）税费总额外，最主要的还需要构成销售产品的成本总额，企业的每日（月）产品成本总额就是通过填报的快餐产品成本日（月）报表得来的。

表4.3 产品成本日（月）报表

编制部门：　　　　　　年　　月　　日　　　　　金额：　　元　　　　第　页

产品成品名称	单位	单价	上日（月）结存		本日购进		本日耗用		本日结存	
			数量	金额	数量	金额	数量	金额	数量	金额
合计										

部门负责人：　　　　　　　　部门核算员：　　　　　　　　盘点员：

（五）降低销售成本对快餐产品直接成本间接影响

餐饮业的销售工作是产品转化为货币的环节，虽不与产品直接成本发生关系，但与企业的总成本有关，间接影响快餐产品的直接成本。销售工作的好坏，关系到企业的生产经营效果和效益。由于销售工作的失误，同样会造成产品积压或变为废品，给企业带来损失，加大企业的成本总额。因此，从事销售工作的人员必须树立牢固的成本观念，在工作中随时与生产部门进行联系，及时向生产部门提供产品的销售情况，共同把核算与管理工作做好。快餐产品销售位于快餐企业工作链的终点，减少销售成本，扩大销售量，就是提高企业整体竞争优势。

（六）建立深厚的企业文化，增强企业凝聚力

快餐企业要有深厚的文化底蕴，要以人为本，为一线员工着想，促进人性化管理，加强生产经营管理，加强团队合作精神培训，增强企业凝聚力，提高工作效率。

1. 全员成本管理，明确各部门的成本任务

施行“全员成本管理”，具体做法是先测算出各项费用的最高限额，然后横向分解落实到各部门，纵向分解落实到小组与个人，并与奖惩挂钩，使责、权、利统一，最终在整个企业内形成纵横交错的目标成本管理体系。

2. 养成节约成本意识

为了让员工养成成本意识，最好建立《流程与成本控制手册》。手册从原材料、电、水、印刷用品、劳保用品、电话、办公用品、设备和其他易耗品方面提出控制成本的方法。当然，有效的激励机制也是成本控制的好办法，所以，成本控制奖励也成为员工工资的一部分。员工若没有节约能源的习惯，则会造成许多物品与能源的浪费。

不熟悉机器设备的使用方式，则会增加修理的次数，增加公司的负担。养成员工良好的工作习惯，确实执行各部门物品的控制及严格的仓储管理，便能聚水成河，积少成多。

3. 以人为主，加强团队合作，提高工作效率

当今的市场竞争，是实力的竞争、人才的竞争、产品和服务质量的竞争，也是成本的竞争。从某种意义上讲，人才决定一个企业的竞争力，快餐企业的成长发展壮大，是在优秀员工的培养下完成的。以人的发展角度，加强团队合作，提高员工工作效率就是降低成本的有效措施，是提高企业经济效益的重要途径。企业管理者要转变传统狭隘的快餐业人才观念，结合快餐企业的实际情况，充分运用现代的先进用人方法以加强企业的竞争力，迎接各方的挑战。

通过学习快餐产品直接成本控制的意义和内容，对快餐产品直接成本控制的内容有系统的了解，按快餐产品生产工艺流程和服务销售环节分别控制产品直接成本，根据现代快餐业经营管理理念，从企业的生存发展角度出发，掌握快餐产品直接成本控制的方法对快餐业生产管理和综合运营的成本进行系统指导。

（1）快餐业直接成本控制的意义是什么？

（2）快餐产品的构成成本与酒店菜肴在成本方面有何不同？

（3）快餐产品直接成本控制的步骤有哪些？具体表现在哪些方面？

（4）快餐产品直接成本控制的流程如何分解？具体方法有什么？

（5）论述用快餐产品直接成本控制方法来综合运营快餐企业生产。

餐饮快餐店如何进行成本核算？

快餐企业管理层一项重要任务是取得经济效益，必须要记住这样一句话，“餐饮产品只要效劳，企业外部只要成本”。某快餐店月营收为300000元，实际食材成本为105000元，营业费用为100000元，则该店当月的毛利率为多少？

实际毛利率＝(月营收—实际食材成本)/月营收。

＝（300000－105000）/300000＝65％。

由此可知该快餐店的实际标准毛利率为65％，若是该月所得到的毛利率低于或高于65％，则表示该月的食材成本管理有出现变化，管理人员可以进行变化检讨。

由上个例子可以得知，若是该快餐店的实际毛利率为65％，则标准成本为35％，若是预估下月营业额为400000元，则透过公式计算该月的标准成本＝预估营收×35％。

标准成本＝400000元×35％＝140000元，因此管理人员即可以注意下月合理的标准成本去进行管理控制。

开快餐店投资费用有多少?

1. 快餐店初始阶段的成本

主要有场地租赁费用、餐饮卫生许可等证件的申领费用、场地装修费用，厨房用具购置费用及基本设施费用等。

2. 餐厅开业启动资金

据计算可初步得出餐厅开业启动资金大约多少（场地租赁费用、餐饮卫生许可等证件的申领费用、厨房用具购置费用、基本设施费用及场地装修费用等）；资金的主要来源是什么。

3. 运营阶段的成本

运营阶段的成本主要有员工工资、物料采购费用、场地租赁费用、水电燃料费、固定资本折旧费、杂项开支以及各种费用等。

4. 每日经营财务预算及分析

根据预算分析及调查，初步确定市场容量，并大致估算出每日总营业额大概多少，以及所投入的快餐店具体项目收益率和毛利润，由此可计算出投资回收期多长。

如何利用信息化实现餐饮成本的核算?

随着餐饮市场竞争日益激烈以及金融危机愈演愈烈，国内众多餐饮企业逐渐加大了对原材料采购成本的管控，想尽各种措施避免“跑、冒、滴、漏”等现象，力求控制成本以增效获利。众所周知，餐饮企业的日常经营消耗主要集中在菜品的原材料上，那么如何有效地降低原材料的成本和损耗？这就需要在采购、出入库以及成本核算方面下足功夫，在如今庞大的餐饮行业中，要实现这种“功夫”就必须引入餐饮信息化。

信息化对于餐饮企业的主要意义集中体现在“提升运行效率、提高管理效益”两个方面，一方面，借助信息平台通过规范运行流程，实现运行与服务流程的流畅与高效；

另一方面，通过数据分析和流程控制，实现管理效益。实际上，成本控制正是餐饮信息化的重要价值所在，也是实现管理出效益的主要手段，借助信息管理系统实现标准化的餐饮成本核算体系，可以科学化管理物资的进、销、存。

一、信息化在餐饮企业成本管理的应用

餐饮成本管理主要涉及采购管理、供应商管理、验收管理、库存管理、付款管理、配菜管理、成本核算及报表分析等，具体内容包括：

采购管理的主要功能，餐厅采购部门根据经营需求，结合材料库存状况完成采购申请编制，并根据供应商的价格选择供应商，执行材料采购审批。

供应管理的主要功能，在管理供应商基本信息的基础上，对供应商的历史供货情况进行分析，如果是同类型材料，可以对供应商供货价格进行对比，优化供货渠道，降低采购成本。

验收管理的主要功能，对供应商所供应材料的质量、数量、价格等进行把关，对不符合质量要求的，执行退货处理。

库存管理的主要功能，记录材料的入库、领用、退库、调拨、损益和盘点，对材料流转进行记录，并保证库存状态信息的实时性和准确性。

付款管理的主要功能，是财务人员对采购入库材料的账款管理；配菜管理的主要功能，生成菜品成本卡，对每道菜品所使用的材料组分进行设置，是实现前厅销售与后台库房联动的纽带。

成本核算的主要功能，通过菜品销售、自动减库和盘点，分析厨房理论用料与实际用料的差异情况，通过数据分析，找到导致差异的问题所在，制订整改措施，用料更加准确，减少材料浪费。

报表分析的主要功能，对材料入库、领用、退库、调拨、损益和盘点记录等进行报表查询，对库存状态、材料消耗、销售毛利等进行报表查询，对一段时间内的进、销、存进行报表查询等。

二、餐饮企业信息化与工业化、标准化的关系

如何利用信息化实现工业化、标准化的餐饮成本核算体系？

1. 合理制订本连锁店的毛利率

每个连锁店要根据自身的规格档次以及市场行情合理制订毛利率，并分部门制订毛利率以及上下浮动比例，制作菜品成本卡，餐饮企业可以通过成熟的计算机系统实现营业收入的每日见成本，实现成本分解，进销核对，通过销售的菜品数量计算出主辅助料的理论成本，并自动核减库存量，期末与库存管理系统提供的实际盘点成本报表进行比较分析。

2. 定期进行科学而准确的成本分析

财务部每月末要召开成本分析会，分析每一菜品、每一台、每一个厨房的成本率，将各单位的成本与实现的收入进行对比，并分别规定不同的标准成本率，对成本率高的项目进行统计分析，并编制成本日报表和成本分析报告书。

3. 制订切实可行的成本控制和成本核算制度

财务部门要根据原材料的价格及粗加工、半成品的出成率、价格等建立档案，规定出各种菜品原材料的消耗定额，制作出标准成本卡，并要经常地、不定期地对厨房部实际考核定额的执行情况，检查各菜品、主食的定额成本与实际操作有无差异，有无跑、冒、漏、滴及因保管不善而发生原材料残损或变质现象，把员工的奖金与出品业绩和成本控制挂钩，以提高员工的节源积极性，从而提高连锁店的经济效益。

一个优秀的餐饮企业都有一套贯穿于所有部门的成本控制流程和制度，这里不仅涉及采购、库房、厨房的原材料管理，也涉及到各种部门的日常领货、办公用品消耗等方面，用这些去防范餐饮企业日常管理上的漏洞，作为餐饮企业的管理者，只有管理控制好成本，才能保证利润的最大化，进而有效率地达到经营的目标。

第五章　快餐机械设备特点

本章主要介绍中式快餐机械设备、西式快餐机械设备及中西通用的单机设备和生产线，通过学习能够掌握常见设备及生产流水线的种类、用途、主要结构特点和操作维护保养知识。

真功夫餐饮管理有限公司是现在发展比较好的中式快餐连锁企业。自1994年在广东省东莞市开设第一家餐厅以来，至今已在中国北京、上海、广州、深圳等许多城市开设了300多家直营连锁餐厅。企业提出的口号是“60秒钟取餐”、“无需厨师，千份快餐同样品质”，在经营过程中确确实实做到了承诺，使顾客随点即吃，口味稳定；还根据其企业自身的发展情况提出了“中餐要实现标准化，关键不在流程，而在设备”的理论。企业还在1997年自主研发出了“电脑程控蒸汽设备”，来满足自身经营需求。可见，快餐机械设备在真功夫餐饮企业经营中起着极大的作用。

（1）常见中式快餐机械设备用途及使用维护时的注意问题。

（2）常见西式快餐机械设备用途及使用维护时的注意问题。

我国的快餐机械与设备近几年得到了较大的发展，按其生产快餐产品风味的不同可以分为中式快餐设备和西式快餐设备；按自动化的程度大小可以分为单体设备和生产线；按加工品种的不同又可以分为米面加工设备、果蔬原料预处理设备、肉类原料预处理设备、加热设备、冷冻设备、洗涤消毒设备、计量分装配膳设备、残渣处理设备等。如在快餐加工过程中果蔬原料预处理设备从称量、清洗到切片、切丝、切丁均可以实现机械化加工，这样能够大大减轻操作人员的劳动强度，提高劳动效率。

第一节　中式快餐机械设备

米饭、面食是中式快餐中必不可少的主食，其中米饭自动生产线可从大米的输送、计量、淘洗、加水、蒸制、出饭等全部进行自动化生产。全自动米饭生产线将米饭生产从传统的蒸饭箱工艺提升为连续式集中生产，在一小时内能生产供几千人食用的米饭，操作全过程实现自动化。

一、米饭生产线

米制食品在中式快餐中占有较大比例，需要大量生产即食米饭、速冻米饭等，单机蒸煮米饭已不能满足要求，米饭生产线可分为半自动型和全自动型。每条生产线包括如下设备：米提升机、储米仓、洗米机、浸泡充填机、连续炊饭机、焖饭辊道、翻转扒松机。

生产线适用于大型中央厨房如企业供餐、中小学营养餐、社会供餐、大专院校供餐、军队后勤供餐及冷链米饭食品工厂等。丽华快餐全自动型米饭生产线及米饭扒松分装机如图 5.1 和图 5.2 所示。

图 5.1　全自动型米饭生产线

图 5.2　米饭扒松分装机

（一）米饭生产线的操作工艺及使用特点

1. 操作工艺

米仓储米⟶送米计量⟶洗米⟶定量给水⟶浸泡⟶炊饭⟶焖饭翻转扒松⟶散饭分装

2. 使用特点

（1）智能操作系统：从大米到炊饭全过程，采用集中控制系统，操作简便。

（2）独特线型火焰：传热均匀、热效率高。

（3）专用不粘锅涂层：米饭不粘锅壁，易于清洗。

（4）立体双层结构：上层米饭利用下层排出的热量进行焖制，节能，占地面积小。

（二）米饭生产线的类型

米饭生产线类型有多种，目前使用最多、效果最好的是燃气式米饭生产线。常见类型见表5.1所示。

表5.1 米饭生产线类型

分类方法	类别		
按热源分	燃油式	蒸汽式	燃气式
按生产能力分	大	中	小
按自动化程度分	半自动型	全自动型	全自动型

（三）中式快餐盒饭生产线

1. 冷冻冷藏设备

冷冻冷藏设备用来储存食品原料及半成品和成品，保证食品的卫生安全，主要包括冰箱、冰柜、冷藏箱、冷藏柜、冷库等。

2. 蔬菜原料加工设备

蔬菜原料加工设备包括洗菜机（根茎洗菜机、叶菜洗菜机）、削皮机、切片机、切丝机、切丁机、多功能切菜机、蔬菜斩拌机、脱水机、搅拌机等。

3. 肉类加工设备

肉类加工设备有锯骨机、绞肉机、斩拌机、切肉片机、切肉丝机、切肉丁机、打蛋机等。

4. 加热设备

加热设备是快餐加工过程中的核心设备，各种炒锅、油炸设备、蒸汽夹层锅、蒸箱、烤箱等设备。

5. 米饭生产设备

米饭生产设备使用自动、半自动米饭生产线，由自动化的机械设备组合成流水线。

6. 面制食品加工设备

面制食品加工设备包括和面机、发酵箱、面条成型机、面包成型机、馒头成型机、包子成型机、饺子成型机、烧卖成型机、春卷成型机、馄饨成型机等设备，也可组合成流水线生产。

7. 计量分装配餐设备

计量分装配餐设备有米饭分装机和配餐运输机。

8. 洗涤消毒设备

洗涤消毒设备有各类间歇式、连续式洗碗机和消毒柜。

9. 食物残渣处理设备

食物残渣处理设备即处理食物残渣（厨房垃圾、泔水等）的设备。

二、炊饭机

炊饭机有连续式（图 5.3）和间歇式（图 5.4）两种。

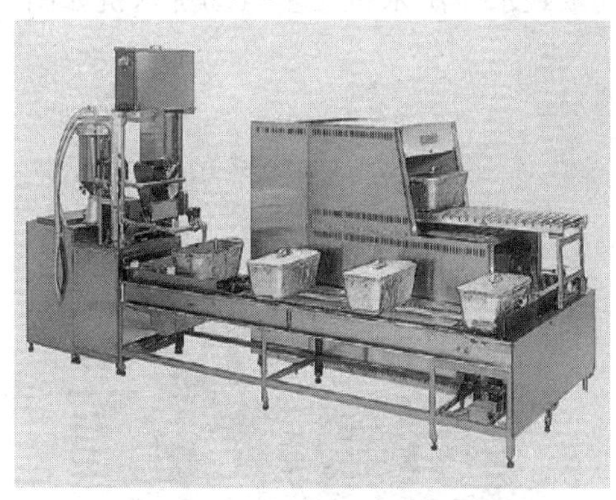

图 5.3　连续式炊饭机

图 5.4　间歇式炊饭机

连续式炊饭机适合大量加工米饭；间歇式炊饭机加工量小，适合小型餐饮企业加工米饭。

连续炊饭机是米饭生产线的主要设备，主要由机架、炊饭室、焖饭室、加热系统、传动输送系统等部分组成。炊饭室和焖饭室为一体，分为上下两层，充分利用炊饭的余热进行焖饭，从而提高了热效率并节省占地面积；加热系统根据能源的不同有燃气加热、燃油加热、蒸汽加热或电加热。

1. 炊饭机的操作流程

电源开启⟶计量⟶清洗⟶注水⟶浸泡⟶运行加热⟶焖煮⟶定时输出⟶清洗⟶结束

2. 使用时应当注意的问题

(1) 称量好每一个炊饭锅所需的大米量。
(2) 准确称量添加水的量。

3. 炊饭机的维护

(1) 定期检查各加热部件，检查是否有异常，如有问题及时排除。
(2) 定期检查各传动部件是否有异响，定期进行润滑。

三、洗米机

干燥的大米具有脆、硬的特性，吸水后的大米强度迅速下降，因此洗米时间不能过长，同时洗米时不能过度搓揉，防止营养素的流失。

洗米机的种类有全自动和间歇式两种。间歇式水压洗米机及全自动洗米机如图 5.5 和图 5.6 所示。

图 5.5 间歇式水压洗米机

图 5.6 全自动洗米机

洗米机不仅可用于清洗大米，凡是颗粒状的粮食如玉米、大豆等均能清洗。水压式洗米机的结构主要由 U 型洗米管、机架、洗米桶、大米分散架、进水、排水调节开关

等组成。水压式米机使用自来水作为动力，将大米送到U型洗米管内，米粒在U型洗米管内流动时与管壁发生摩擦或者米粒与米粒之间发生摩擦，起到搓揉的作用，达到清洗的目的，并将上浮的杂物通过溢流而排走。

1. 洗米机的操作流程（以间歇式洗米机的使用为例）

称量大米⟶加入洗米桶⟶关闭排水开关⟶打开进水开关⟶清洗⟶关闭进水开关⟶打开排水开关⟶结束

2. 使用时应当注意的问题

（1）将洗米机的进水口与自来水接管连接时将排水开关关闭。
（2）清洗干净后关闭进水开关，再打开排水开关排尽水。

3. 洗米机的维护

（1）洗米时大米的容量不能超过洗米桶内凹线。
（2）自来水压力不足时需配备水泵作为动力来源。
（3）洗米结束后，尽量把水排尽，避免水留在洗米机内。

四、和面机

面食是我国北方地区的主食，在南方其食用量也越来越大。无论中式面点还是西式面点，均需要对原料进行混合搅拌，和面机就是这样的初加工设备。和面机也称捏合机或搅拌机、调粉机。

和面机按搅拌轴的方向可分立式、卧式和面机两大类。卧式和面机结构简单，和面量大，使用较普遍。

卧式和面机主要由机架、和面斗、搅拌器、传动装置、电机、料斗翻转机构等组成。搅拌器的类型有桨叶式、直辊笼式、Z字型、S字型搅拌器等。它们的分类、特点及适用范围如表5.2所示。

表5.2　搅拌器的分类、特点及适用范围

搅拌器分类	加工特点	适用范围
桨叶式	剪切作用较大，拉伸作用较小，对面筋网络和成型的面团有较强的撕裂作用，因此水调面团的调制要严格控制时间和搅拌桨叶转速	比较适合调制油酥性面团
直辊笼式	有利于面筋网络的形成	适合水调面团的调制
Z字型、S字型	基本是整体铸造，有单轴和双轴之分	适用范围广，能混合各种高黏度的物料，效果好

立式和面机结构简单，但清洗不如卧式和面机方便，搅拌器以扭环为主，还有扁形、钩型等，对面团的捏合能力强，适合韧性面团、发酵面团的捏合调制。

和面机主要用做面团的混合搅拌，也可用做其他原料的混合搅拌。

1. 和面机的操作流程

清洁⟶手动检查旋转是否异常⟶启动电源开关检查⟶加料⟶启动搅拌⟶搅拌完毕停机⟶翻转面斗（卧式和面机）⟶取出和好的面团⟶清洗⟶保养

2. 使用时应当注意的问题

（1）使用前须清洁干净。
（2）检查电源电压是否符合要求，否则旋转无力达不到目的。
（3）启动电源，检查空转时各部件的运转情况。
（4）搅拌桨叶旋转时严禁将手伸入料斗内，避免事故的发生。
（5）按要求加入原料混合搅拌。

3. 和面机的维护

（1）使用前对机械进行全面检查，用手扭动旋转部件，如有障碍，及时排除障碍物。
（2）旋转部件定期加润滑油润滑。
（3）检查设备的地线是否接好，防止漏电发生。
（4）设备运转正常后开始投料，不能超过规定标准。
（5）使用完毕应及时清洗干净，并保养。

五、多功能搅拌机

多功能搅拌机分立式和卧式两种，立式在小型面点企业使用广泛，结构主要由机座、搅拌桨叶、传动机构、搅拌锅、电机等组成。

多功能搅拌机在面制食品加工中主要用于蛋白液、面糊等液体的搅拌混合，通过更换搅拌桨叶也可用于面团的调制。多功能搅拌机及搅拌桨叶如图 5.7 和图 5.8 所示。

多功能搅拌机启动时，电机把电能转化为机械能，通过传动机构带动搅拌桨叶进行行星运动式的旋转，对需要混合的物料进行混合搅拌。立式多功能搅拌机的机座、传动调速箱一般是整体铸造，电机在底部，使设备的重心比较低，保证机械在运行时的稳定性，防止翻倒。

立式多功能搅拌机的搅拌桨叶主要有三种：花蕾形、扇形和钩形。多功能搅拌机的搅拌桨叶的特点如表 5.3 所示。

图 5.7　多功能搅拌机

图 5.8　搅拌桨叶

表 5.3　多功能搅拌机的搅拌桨叶的特点

搅拌桨叶种类	搅拌桨叶的特点	适用范围
花蕾形	由很多粗细均匀的不锈钢条组成，其强度较弱，旋转搅拌时与液体的接触面大，有利于空气的加入	高速低黏度物料的搅拌混合，如搅打蛋清
扇形	一般是整体铸造，其强度较大，接触面也较大	中速中黏度物料的搅拌混合，如黄油的搅拌
钩形	整体铸造，其强度大，其外形结构与搅拌锅的形状相吻合	低速高黏度物料的搅拌混合，面团的搅拌

1. 多功能搅拌机的操作流程（以立式多功能搅拌机为例）

清洗⟶锁死搅拌桨叶⟶手动检查⟶启动电源开关检查⟶上升搅拌锅⟶加料⟶启动搅拌⟶完毕停机⟶下降搅拌锅⟶取出物料⟶清洗

2. 使用时应当注意的问题

（1）选择与物料对应的搅拌桨叶。

（2）将搅拌桨叶锁死在旋转轴上时，用手旋动搅拌桨叶检查旋转是否异常，有无阻碍。

（3）启动电源开关检查旋转方向是否正常。

（4）搅拌锅由升降机构上升到指定位置锁定。

（5）加入需要混合搅拌的物料，启动电源开关选择相应的运动速度进行搅拌混合。

（6）搅拌完毕停机，将搅拌锅下降后再取出。

3. 多功能搅拌机的维护

多功能搅拌机的维护与和面机的维护相同。

六、馒头成型机

馒头是大众化食品，馒头成型机适用于学校、机关、饮食企业等。

馒头成型机有对辊式、盘式、辊筒式等型式。对辊式馒头成型机使用广泛，主要由电机、螺旋输料机构、辊压成型机构、传动机构等组成。

馒头成型机主要用于馒头的成型操作。

1. 操作流程

手动检查──→面团加入料斗──→启动电源开关──→调节供料螺旋出口──→辊压成型──→完毕停机

2. 使用时应当注意的问题

（1）启动电源开关后，可以通过调节切割刀的切割周期控制馒头坯的大小。

（2）在干粉槽中加入一定量的面粉，保证馒头坯在螺旋成型对辊中不发生粘黏。

（3）可更换对辊表面的成型槽，达到改变食品的外形。

3. 馒头成型机的维护

（1）预先和好的面团应当松软适度。

（2）使用前检查各部件是否正常。

七、绞肉机

绞肉机分单级和多级，尤其以单级绞肉机（图 5.9）使用比较广泛。单级绞肉机主要由进料系统、绞肉筒、绞切系统、传动系统等组成。

绞切系统（图 5.10）包括十字型切割刀、不锈钢格板、紧锁螺母等。利用十字型切割刀与格板之间的相互作用将肉类绞切碎成肉馅，更换不同孔径的不锈钢格板，可以获得不同粗细的肉馅。

绞肉机是一种使用很普遍的肉类等原料的处理设备，适合将肉块切碎、绞切成肉馅。

1. 操作流程

清洗──→锁定螺旋输料辊──→锁定十字型切割刀──→固定不锈钢格板──→上紧紧锁螺母──→启动电源开关──→加入原料──→完毕停机──→取下十字切刀、螺旋输料辊、格板清洗

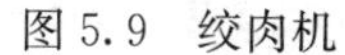

图 5.9　绞肉机

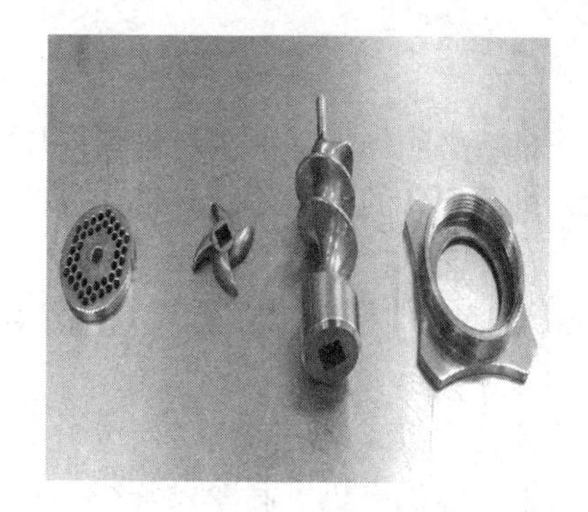

图 5.10　绞切系统

2. 使用时应当注意的问题

（1）使用前将设备各零部件清洗。

（2）按顺序安装，即先将螺旋输料辊锁定在转轴上，将十字型切割刀锁定在螺旋输料辊上，将选定的不锈钢格板固定在绞肉桶壁上。

（3）绞切所需的肉类必须预先已做初步切割成肉条，再加入进料口。

3. 绞肉机的维护

（1）格板孔径应与转速相匹配，孔径大，选择较高转速，孔径小，选择较低转速。

（2）上紧紧锁螺母，保证格板与十字型切割刀之间的切合，格板与切割刀不发生相对位移。

八、肉类切片机

按其刀轴的形式可分立式和卧式肉类切片机。

肉类切片机适合于肉类和其他具有一定弹性和强度的物料的切片、切丝、切丁，是一种使用广泛的通用加工机械。

1. 操作流程

手动检查──→启动电源开关──→投料──→切割──→完毕停机──→清洗

2. 使用时应当注意的问题

（1）将切割刀组安装好后才启动电源开关。

（2）当机器运转正常后再加入预先分割成与进料口尺寸适合的肉块进行切割。

（3）通过调节切割刀组刀片数目调节所切肉片的厚度。

3. 肉类切片机的维护

（1）肉料必须预先加工成与进料口尺寸适合的肉块。
（2）机器空转的时间不能超过 2 分钟，防止刀片发热损伤刀刃。

第二节　西式快餐机械设备

西式快餐中广泛使用烤箱、面包炉等烘焙设备，以及油炸炉、扒炉、等加热设备，冰箱、冰柜、冰淇淋机等制冷设备。

一、电烤箱

电烤箱按工作方式的不同主要分间歇式和连续式两种。按规格大小分大型、中型、小型等。

电烤箱又称焗炉，是利用电热元件产生的热能来烘烤食品的，可以制作烤鸡、鸭、鱼、排骨等肉类，也能制作面包、蛋糕、饼干等面点。

图 5.11　电热万能蒸烤箱

电烤箱主要由壳体、发热元件、控制系统等组成。在烤箱内上下均安装有发热元件，既有面火，又有底火，可以满足各种食品的不同需求，使食品的色、香、味俱全，达到所需的烹饪效果。电热万能蒸烤箱（图 5.11）在电烤箱原有功能基础上又增加了新的功能——蒸。

1. 操作流程

将待烤食品放入烤盘⟶按下电源开关，调温度⟶达到预定温度⟶放烤盘入箱⟶设定时间⟶烘烤结束

2. 使用时应当注意的问题

（1）待烤食品在烤箱达到预定温度后再送入烤箱。
（2）在使用过程中，可根据食品的需要调节面火和底火温度，达到所需的效果。
（3）烘烤时为防止烫伤，用柄叉将烤盘放入箱内。

3. 电烤箱的维护

（1）电烤箱安放要平稳。
（2）使用后将各开关旋扭回转到起始点。

(3) 每次使用后，将电源插头拔下后清洗干净，并抹干。

二、油炸炉

油炸炉有全油型、油水一体型等形式。

油炸炉主要用于生产油炸食品，可对肉类、鱼类、果仁、面点等多种制品进行瞬时油炸或深度油炸。油水一体型（图 5.12）利用独特的水油混合油炸工艺，使食品在炸制过程中产生的食物残渣沉入水中，保证炸油能长期使用而不变黑，可节约油的使用量，比传统油炸机节省油 50%以上，同时减少了环境污染。该设备操作简单安全，清洗维修方便，节约能源。

图 5.12　油水一体型油炸机

1. 操作流程

加水、加油──→启动电源加热──→调节温度──→油炸食品──→油炸完毕关闭电源

2. 使用时应当注意的问题

(1) 加水阀任何时候加水均可以。

(2) 注意观察低部水层的测温装置显示的水温。

(3) 可设定水温，实际水温高于设定温度时，可采取冷却措施，提前预防水沸腾现象发生。

3. 油炸机的维护

(1) 不同的食品调节相应的温度油炸。

(2) 定期更换水和油，清理残渣。

三、多士炉

多士炉又称为面包炉，是西式厨房必不可少的设备。

多士炉种类有普通型、半自动型和全自动型。

多士炉主要用于加热面包片。将面包切成片后放进炉中，烤至焦黄适度取出，抹上黄油、果酱等食用。由电热系统、控制系统、炉体三部分组成。

电热系统有两组发热元件，对面包片的两面同时进行烘烤；控制系统有温度控制和时间控制两部分；炉体一般是薄钢板，外壳经喷漆处理。

1. 操作流程

清洁──→接通电源──→插入面包片──→调节温度、时间──→取出

2. 使用时应当注意的问题

（1）面包片的厚度最好一致，厚度在15～20厘米间。
（2）面包片烘烤程度由色泽开关控制。

3. 多士炉的维护

（1）多次重复烘烤面包片时，每次在重新启动前应间隔15秒钟以上，保证调温器的双金属片恢复。
（2）及时清理盛物盘的面包残渣，保证多士炉的卫生、洁净。

四、电冰箱

厨房冷加工设备常见的包括电冰箱、冷柜、冷饮机、冰淇淋机、冷藏操作台等，这里以电冰箱为代表介绍制冷设备。

电冰箱的种类很多，分类方法各不相同，多按照电冰箱的外形、制冷方式、冷却方式、制冷剂的种类、用途不同而分。电冰箱的种类见表5.4所示。

表5.4 电冰箱的种类

分类方法	种类	特点
用途	冷藏冰箱/冷冻冰箱/冷藏冷冻冰箱	冷藏0～10℃、速冻＜－18℃
外形	单门/双门/三门	提供不同的温度区域
制冷方式	蒸汽压缩式/半导体式/吸收式	多采用蒸汽压缩式制冷
制冷剂种类	有氟冰箱/无氟冰箱	制冷原理一样，无氟冰箱用其他制冷剂代替氟利昂
冷却方式	直冷式、间冷式	直冷式冰箱冷冻室结霜，价廉；间冷式冰箱冷冻室无霜，价高

电冰箱主要用于食品的保鲜和冻藏。冷藏箱的温度在0～10℃间，适合冷藏新鲜水果、蔬菜、禽蛋以及乳制品的保鲜；冷冻箱的温度能保持－18℃以下，用于较长时间内保存肉类食品及水产品。

1. 电冰箱的维护

（1）使用时注意观察压缩机的运行声音是否正常。
（2）电冰箱应当使用专用插座，防止电压波动造成压缩机毁坏。
（3）电冰箱的搬运不能倾斜超过45°，防止压缩机内悬挂弹簧脱落损坏，或润滑油进入系统造成故障。

2. 注意事项

(1) 电冰箱应当安放在通风、干燥、无阳光直接照射的地方。

(2) 直冷式冰箱应当及时除霜，否则会影响制冷效果。

(3) 电冰箱内的食物不宜太满，否则影响冷空气的流动，妨碍制冷效果。

(4) 电冰箱注意除臭。

第三节 其他快餐设备

快餐设备不仅包括中式快餐设备、西式快餐设备，还有其他在快餐加工中常用的设备，如洗涤、消毒杀菌等设备。

一、洗碗碟机

(一) 洗碗碟机的种类

洗碗碟机的分类按方法不同有很多种，洗碗碟机的分类见表5.5所示。

表5.5 洗碗碟机的分类

分类方法	类别	分类方法	类别
外形特征	前开门式、顶开门式	移动方式	固定式、移动式
传动方式	揭盖式、篮式、带式	加热方式	电加热、燃气加热、蒸汽加热

(二) 揭盖式洗碗碟机的用途

揭盖式洗碗碟机（图5.13）也称为罩式洗碗碟机，是目前使用较多的一种洗涤设备，可满足各种碗、碟、盘、杯的洗涤要求。

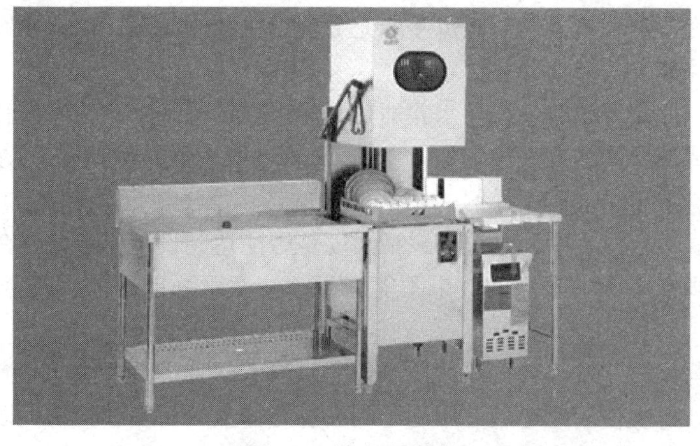

图5.13 罩式洗碗碟机

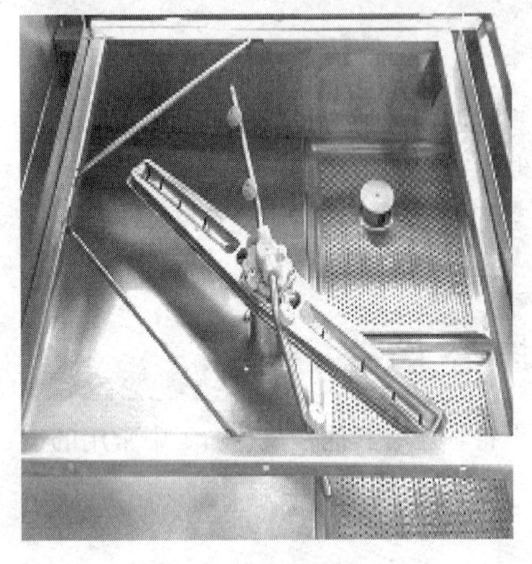
图 5.14 洗涤臂

揭盖式洗碗碟机主要由机架、清洗系统、加热系统、漂洗系统、洗涤剂和干燥剂自动供料装置、自动程序控制系统、进水电磁阀、温度传感器和操作显示屏等部分组成，清洗水箱是储水加热式。

其特点是洗涤臂（图 5.14）可以从任意角度对碗碟进行洗涤，上一个程序的漂洗水作为下一次的洗涤水，不仅保证了洗涤水的清洁，而且总体节能、节水效果非常好。

洗涤臂的结构形式可分为上下回转喷射式、下喷射式、下喷射反射式、塔喷嘴式等，均能使水呈现喷溅的状态达到洗涤的目的。

洗碗碟机的加热系统，能对洗涤和漂洗用的水进行加热，使洗涤获得良好的效果，同时在干燥的时候作为热源使用。

（三）揭盖式洗碗碟机的使用

1. 操作流程

电源开启⟶注水⟶加热⟶关门运行⟶定时清洗⟶定时漂洗⟶周期结束

2. 操作注意事项

（1）启动前的检查。在电源开启前，要检查洗碗机门扣松紧是否适度、牢固，碗筐的焊接是否牢固，底部的滚轮是否灵活，在拉出碗筐的过程中，有无卡滞等现象。

前开门式的洗碗机当柜门打开后，可以很方便地拉出碗筐，取放餐具。顶开式洗碗机取放餐具不太方便，机上的空间也不能充分利用。所以，从使用方便的角度考虑，如无特殊需要，一般宜选择前开式洗碗机。

（2）注水。使用开始时进行注水并加热，注水包括漂洗水箱的注水和清洗水箱的注水，开始时由清洗泵用加有洗涤剂的 55～65℃的热水按预定时间进行清洗，结束后自动转为漂洗，漂洗泵用加有干燥剂的 80～85℃的热水漂洗，定时结束后取出。

（3）运行。运行过程中注意观察包括温度是否能达到设定要求，若在规定时间内不能达到要求，则在工作中洗涤的效果不能保证；注意水泵能否驱动洗涤臂做全方位的运动。

（4）清洗与漂洗。洗涤臂可以从任意角度对喷水碗碟进行清洗与漂洗。

（5）清洁。每次使用完毕后，用刷子刷去过滤器上的污垢和积物，以防堵塞；洗涤槽内每月可用除臭剂清洁 1～2 次；保持洗碗机内外的卫生。

(6) 在使用洗碗碟机时应当注意:

① 餐具使用后尽快洗涤，不要让残渣晾干，增加洗涤的难度。

② 洗涤的餐具中不可夹带其他杂物，如鱼骨、剩菜、米饭等，否则，容易堵塞过滤网或妨碍喷嘴旋转，影响洗涤效果。

③ 不要在洗涤筐内放置过量餐具，不要相互重叠、碰撞，餐具不应露出金属篮外。

④ 不要人工将餐具擦干，因为毛巾或布本身含有细菌，细菌会重新将带到餐具上。

⑤ 干净的餐具不要放置在潮湿的环境中，最好放置在干燥的保洁柜内以防止污染。

⑥ 定期检查和补充清洁剂和快干剂。

(四) 揭盖式洗碗碟机的维护

(1) 定期检查清洗臂和喷嘴，及时去除杂质或水垢 。

(2) 定期检查各加热部件，避免水垢结得太厚，及时进行除垢。

(3) 定期检查各传动部件是否有异响，保证运行正常进行，定期进行润滑。

(4) 使用专用洗碗机洗涤剂来清洗餐具，专用洗涤剂的特点是低泡沫、高碱性，不能直接用手工洗涤，以免灼伤皮肤。

(5) 在不急于立即使用清洗后的餐具前提下，尽可能采用自然通风干燥的办法，可以降低能耗。

(6) 注意洗涤剂的用量。

水的硬度越高，清洁剂的用量越大。且水垢会沉积在清洗系统、喷淋加热器、水缸甚至餐具上。为了减少消耗清洁剂并延长设备的使用寿命和餐具清洗干净，最好使用水处理设备。餐具越脏，消毒的清洁剂用得越多。最好对餐具进行预处理，减少食物残渣进入洗碗机，增加设备洗涤量。

二、消毒柜

消毒设备的种类很多，有紫外线、远红外线、臭氧、微波、热风、蒸汽、热水等消毒方式，如果按能源分可分为电气式、燃气式、蒸汽式。消毒设备一般情况下都有消毒温度、消毒时间和保温时间的控制系统，能满足消毒、烘干、储存的要求。

(一) 蒸汽消毒设备

蒸汽消毒柜（图 5.15）主要有两种结构，一种是用管道将锅炉产生的高温高压蒸汽导入柜内对碗碟消毒；一种是蒸汽和电加热两用消毒柜，除了可使用锅炉蒸汽，还可在消毒柜底部安装电加热管，加水通电后，利用电加热产生的蒸汽消毒。蒸汽柜不仅能对碗碟进行消毒杀菌，还能用于食品的加热。

图 5.15　高温蒸汽消毒柜

1. 操作流程

检查安全阀和输气管──→安放好碗碟──→关闭柜门──→按下按钮启动──→输入蒸汽──→消毒结束

2. 使用时应当注意的问题

（1）由于蒸汽有一定的压力，在使用之前，本岗位操作人员检查安全阀和输气管有无异常。

（2）将洗净的碗碟摆好，碗碟之间有一定的间距，保证蒸汽的顺畅流通，保证消毒质量。

（3）输入的蒸汽压力必须在规定的范围内，不能超出最大值，防止输气管破裂。

3. 蒸汽消毒柜的维护

（1）蒸汽消毒柜必须专人操作，专人管理。

（2）定期检查安全阀有无堵塞和输气管有无泄漏。

（3）随时保持蒸汽消毒柜的卫生。

（4）不能蒸煮使蒸汽消毒柜发生腐蚀的食品。

（二）电子消毒设备

电子消毒柜也叫电热消毒柜，具有消毒、烘干、保温、储存等功能，能有效地杀灭大肠杆菌、乙肝病毒、金黄色葡萄球菌等微生物，杀菌效果好，穿透力强，无化学残留的污染。按消毒方式分：红外线消毒、臭氧消毒、紫外线消毒、高臭氧紫外线消毒、高温臭氧消毒等，在工作过程中利用远红外线产生高温或臭氧、紫外线杀灭细菌和病毒。

常见的红外线、臭氧、紫外线、高臭氧紫外线消毒柜杀菌原理、特点及适用范围见表 5.6 所示。

表 5.6　红外线、臭氧、紫外线、高臭氧紫外线消毒柜杀菌原理、特点及适用范围

分　类	杀菌原理	特　点	适用范围
红外线消毒柜	利用远红外线产生 125℃高温对餐具进行高温杀菌	速度快，耗电量大，容易导致箱内温度不均匀	只适合耐高温的餐具的消毒，对一般的细菌和病毒杀灭率高
臭氧消毒柜	利用臭氧发生器产生臭氧	可大范围地消毒杀菌，但高浓度的臭氧泄漏对环境会产生一定的危害	能杀灭细菌、霉菌、芽孢杆菌等微生物

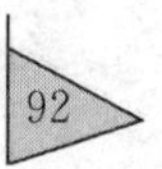

续表

分 类	杀菌原理	特 点	适用范围
紫外线消毒柜	利用紫外线发生器产生紫外线杀菌	紫外线只能直线传播，照射不到的位置不能消毒杀菌	对任何细菌、病毒均有效
高臭氧紫外线消毒柜	高臭氧紫外线消毒柜，结合臭氧、紫外线的杀菌优点	消毒时间短	杀菌范围广

1. 操作流程

将洗净抹干的碗碟摆好──→关闭柜门──→接通电源──→按下按钮──→结束后再开门

2. 使用时应当注意的问题

（1）将洗净抹干的碗碟摆好。无论哪种电子消毒柜，在消毒之前将洗净的碗碟上的水分抹干，碗碟均竖放，在规定的层架上整齐排列，相互间有一定的间距，有利于消毒杀菌。

（2）使用臭氧消毒柜时，在开门的状态下不能接通电源，防止臭氧逸出。

（3）使用紫外线消毒柜时，在开门的状态下不能接通电源，防止紫外线逸出，对人体造成一定的伤害。由于紫外线是直线传播，紫外线照射不到的地方就不能起到消毒杀菌的作用。

（4）消毒结束后 15 分钟左右再打开柜门取出使用或者待使用时再取出即可。

（5）碗碟的彩釉在高温下会释放出铅、镉等有毒重金属，对人体有害，一般把有彩釉的碗碟采用低温消毒方式。

（6）没有放置餐具的空消毒柜不能长时间高温烘烤。

3. 电子消毒柜的维护

（1）各种形式的电子消毒柜均使用 220V 的电压。

（2）对消毒柜进行清洗时首先拔掉电源插头，用干净的抹布蘸温水或用中性清洁剂擦拭消毒柜的内外表面，再用拧干的湿布擦净。

（3）避免硬物碰撞石英加热管或臭氧管。

（4）密封条受热容易老化，要定期更换柜门的密封条，保证消毒效果。

（5）电子消毒柜不能放置于其他加热器旁，否则容易变形，发生故障。

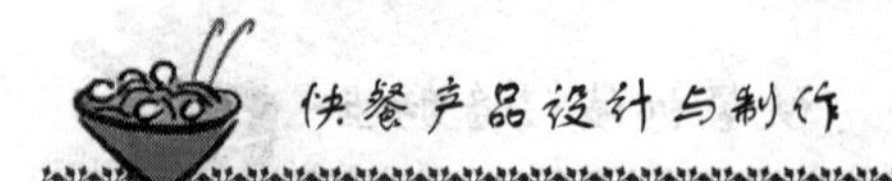

本章主要介绍了一些典型的中式、西式快餐设备和生产线，包括初加工机械、加热设备、制冷设备、洗涤消毒设备的工作原理、主要结构和使用维护知识，通过学习，能正确掌握设备的操作方法及其注意事项，能初步处理一些常见的故障。

（1）使用臭氧消毒柜时，在开门的状态下能不能接通电源？

（2）高温消毒柜适合哪些餐具的消毒杀菌？

（3）油水一体型油炸炉能否同时对不同的食品进行油炸？

（4）使用肉类切片机切割肉类，要得到肉丝，需要投料几次？

（5）利用立式搅拌机和面，选用哪种搅拌桨叶，选择哪种转速？

食物残渣处理设备

图 5.16　食物残渣处理机

随着餐饮业的快速发展，食物残渣的量日渐增多，其处理越来越受到重视，逐渐出现了食物残渣处理机（图 5.16）。

国际上最常用的处理餐桌垃圾的方式主要是采用食物残渣处理机。它的工作原理是利用高效永磁直流电机带动不锈钢刀架组合高速旋转，通过切削、挤压、捶击等方式，在极短的时间内将有机食物垃圾研磨成细小的颗粒随下水管道顺利排出。食物残渣处理机通过将固态食物垃圾的液态转化，实现了食物垃圾的无害化处理。将装置装在厨房水槽出水口，通过直流电机驱动刀盘，利用离心力将研磨腔内的食物残渣磨碎后排入下水道，清除厨房食物垃圾。在美国，食物残渣处理机早已和冰箱、微波炉、烤箱等家用电器一并成为厨房的必备用品。

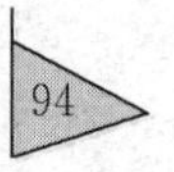

超声波洗碗机

超声波洗碗机（图 5.17）是利用超声波清洗的原理制造而成的。利用超声波可以穿透固体物质使液体介质振动产生气泡，超声波作用于液体时，液体中每个气泡的破裂会产生能量极大的冲击波，相当于瞬间产生几百度的高温和高达上千个大气压，这种现象被称为“空化效应”，超声波清洗正是应用液体中气泡破裂所产生的冲击波来达到清洗和冲刷碗碟内外表面的要求。只要碗碟能够接触到液体，就可以得到彻底的清洗，不存在清洗不到的死角。

图 5.17　超声波洗碗机

超声波洗碗机有很多优点，节水、节电，噪声小，不需要电机、水泵，循环水系统、加热系统；不需要喷水臂，结构简单，操作简便，使用寿命长；不需要专用洗涤剂，若加也是起到辅助除去油污的作用，对于手工及其他清洗方式不能完全有效地进行清洗的物品，具有显著的清洗效果，可彻底达到清洗要求，效率高。

第六章　快餐产品的包装设计

(1) 掌握快餐产品包装的特点。

(2) 掌握快餐产品包装的基本要求。

(3) 了解快餐产品包装的发展趋势。

由于城市化的发展，人们生活节奏的加快，快餐的社会需求随之不断扩大，市场消费的大众性和基本需求性特点表现得更加充分。由于目前市场上中式快餐的包装材料和技术一直没有得到突破，快餐只能满足人们便捷吃饱的基本要求，人们对中式快餐安全性、美味性（色、香、味）、营养性、便捷性以及价格低廉性的要求还远不能满足，严重制约了中式快餐企业规模化的发展进程。现代快餐的操作标准化、配送工厂化、经营规模化和管理科学化的理念，已经逐步被经营者认同，中式快餐规模化生产已成为我国餐饮现代化的重要发展目标与方向，在这种情况下，市场上对能够保证中式快餐的包装技术的需求尤为急迫。目前中式快餐普遍采用的包装形式见表 6.1。

表 6.1　目前中式快餐普遍采用的包装形式

包装形式	优　点	缺　点
高温包装	杀菌彻底，安全性好，保质期长	能耗大，风味及营养在高温杀菌时受破坏，成本高
速冻包装	产品营养、色香味损失小，保质期长	能耗大，解冻会使菜肴的色、香、味有很大破坏
即做即卖	产品营养、色、香、味保存较好	安全性不易保证，损耗大、场地利用率低

鉴于目前中式快餐普遍采用的包装形式的不足之处，气调包装在中式快餐中广泛应用。具有如下优势：

(1) 能够避免产品（蔬菜类）在高温时的快速氧化，包装后使菜肴处于低氧高二氧化碳的气调环境中，结合冷链，从而保证菜肴的风味及营养的相对稳定。

(2) 可以使大多数原材料的保鲜期在 0～10℃冷链条件下保鲜 7～12 天以上。

(3) 由于产品保质期的延长，使中式快餐的销售半径至少在 150 公里范围以上，满

足中式快餐连锁化经营。

(4) 产品配送到门店后经过简单的二次加热即可出售，这样既方便快捷、门店易于标准化，又可以节省门店后场，降低经营成本。

(5) 由于标准化操作、工厂化生产、统一配送，对于产品的安全性、品质的稳定性有很好的保证。

因此，采用复合气调包装技术的中式快餐具有安全性高、美味性（色、香、味）好、营养均衡、方便快捷、价格低廉等特点，为中式快餐企业的标准化生产、集中配送，规模连锁化经营提供了切实可靠的包装技术支持，为推动中式快餐产业的标准化发展给予了新的契机。

(1) 快餐产品包装的六大特点。
(2) 快餐产品包装的基本要求。
(3) 快餐产品包装的未来发展趋势。

第一节　快餐产品包装的特点

随着国民经济的快速增长，我国包装工业得到了迅速发展，特别是食品、日化、医药及保健品等快速消费品包装领域的发展更为迅猛。由于快餐产品具有制售快捷、食用便利、服务简便、质量标准、服务简便、营养均衡和价格低廉的基本特征，因此，快餐产品的包装可以延长产品的保鲜期和货架期，保留产品中的营养成分、风味等，也正向更加美观、卫生方便、环保、多功能化方向发展。目前，快餐产品包装呈现出六大特点。

一、快餐产品包装的薄型化、轻量化

在日趋激烈的市场竞争中，快餐企业往往会通过控制成本来保证利润，而削减包装费用通常是企业降低成本的一个主要内容，同时也是出于食用便利、方便携带、减少包装垃圾，加强环境保护的需要。因此，快餐产品包装的薄型化、轻量化是快餐食品的特点之一。在西式快餐的包装中，为适应包装减量、环保、食用便利、携带方便的要求，纸包装的风潮已经兴起，并开始向更细微的方向探索。例如，大连亚惠欧米奇甜甜圈采用的防油纸包装及上海三商巧福采用的纸质包装如图 6.1 和图 6.2 所示。

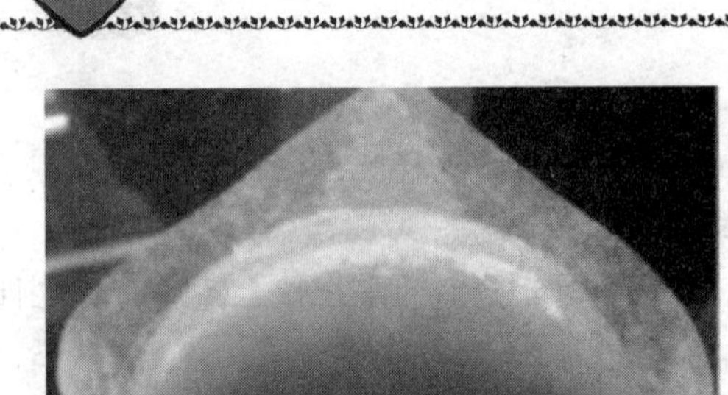

图 6.1　防油纸包装

图 6.2　纸质包装

二、快餐产品包装的安全性

随着社会物质文明和精神文明的不断进步，人类对自身的健康更加重视。因此，快餐企业对自身产品的安全控制力度逐步加大，对包装材料的卫生安全的要求越来越严格。例如，目前有很多客户要求包装材料生产企业提供由权威部门出具的包装材料生物安全性和化学稳定性证明。在国外，有些企业甚至要求包装材料供应商提供材料对人体敏感性的测试等项目。日式快餐普遍采用的可降解环保的木制快餐盒及飞机快餐普遍采用的可回收、保温的铝箔快餐盒如图 6.3 和图 6.4 所示。

图 6.3　可降解环保的木制快餐盒

图 6.4　可回收的铝箔快餐盒

三、快餐产品包装设计的多样化

如今，一个新产品从开发到进入市场的周期越来越短，包装结构、形式也日趋多样化。有时一个产品为适应不同地区、不同消费群体，需要有多种形式的包装，从创意、色彩到规格、材质、制作方法，都有不同的要求。快餐食品包装更多地是利用现有的各

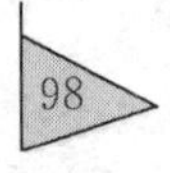

包装及包装图案，进行合理组合，而不像传统的包装设计那样，从头构思，从零开始，借鉴和组合是未来快餐包装设计的主流。

（一）快餐包装的颜色设计

快餐包装的颜色设计也有一定讲究，它与食品的味感有一定的联系。由于味道除了有甜、咸、酸、苦、辣区分外，还有浓与淡的区别，要在包装上表现这么多的味觉，并且要向消费者正确传递味觉的信息，快餐包装就要根据上述人类认识事物的方法和规律来进行表现。不同造型的餐具如图 6.5 所示。

图 6.5 不同造型的餐具

（二）快餐产品的包装图案

快餐包装图案对味觉也具有一定影响，包装上不同形状、不同风格的图片或插图也给消费者味觉暗示。圆形、半圆、椭圆装饰图案让人有暖、软、湿的感觉，用于口味温和的食品，如米线、水饺甚至中式套餐食品等；方形、三角形图案则相反，会给人冷、硬、脆、干的感受，如麦当劳的“珍宝三角”显然比圆形包装更合适。

四、快餐产品包装的保温性

为了保持快餐产品的香、鲜、热度，供人们在不同场合方便食用，以适应当今人们生活快节奏的需求。通常采用保温性好的包装材料进行包装，从而使快餐产品保持一定的热度，以便人们随时吃到香热适口的美食。例如，飞机快餐的铝箔包装及中式快餐的不锈钢内胆双层包装如图 6.6 和图 6.7 所示。

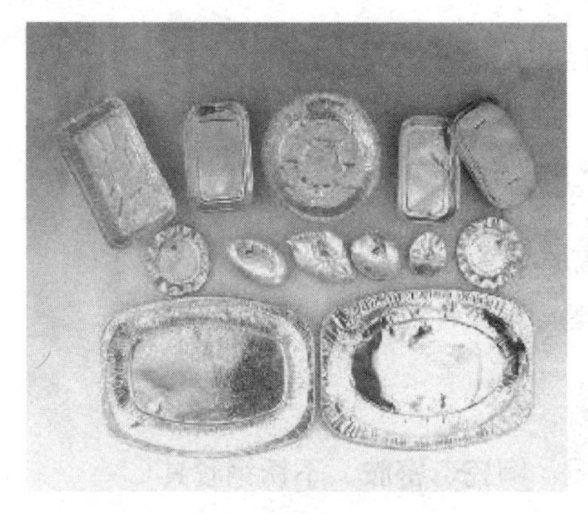

图 6.6 铝箔包装

图 6.7 不锈钢内胆双层包装

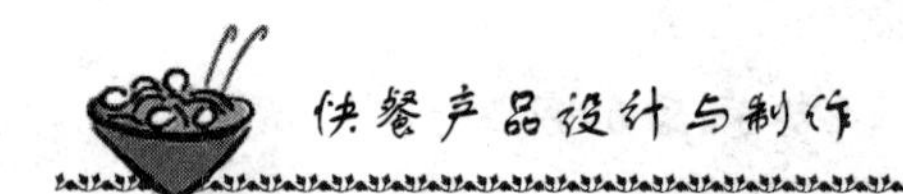

五、快餐产品包装的耐热性

现代快餐通常采用中央厨房集中加工，连锁门店二次加热的经营方式；同时，随着人们生活节奏的加快，外送快餐份额逐步增加。因此，快餐产品包装的耐热性、二次加热性是快餐产品的特点之一。目前，国外已经开始用具有通气性的包装纸包装汉堡包，冷冻汉堡包可用电子波直接加热，包装内并无蒸汽，可以保持汉堡包表面的清爽。

六、快餐产品包装的防油、防水性

快餐产品由于其大都含有一定的油脂和水分，必然要求快餐产品包装具有防油性、防水性。目前，西式快餐产品通常采用防油纸袋、防油纸盒、防油纸杯等；中式快餐产品通常采用密胺类餐具或环保型餐盒，具有很好的防油、防水性。

第二节　快餐产品包装的要求

随着快餐业的快速发展，快餐产品包装业也取得了长足的进步，包装的好坏直接影响到快餐业产品的质量、档次和市场销售。快餐产品包装虽然不能代表食品的内在质量，但良好的包装可以保证和延长食品的保质期、货架期，优秀的包装可以为产品赢得声誉，为消费者优先选择。因此，不同类型快餐产品应该有不同的包装要求。

一、中式快餐产品的包装

（一）中式快餐产品包装的要求

中式快餐主要以主食（米饭、面条、水饺）、菜肴以及汤为特色，通常只需将其盛入恰当的容器内即可，因此，中式快餐产品的容器对于整个快餐产品价值的提升具有极其重要的作用，具有以下要求：

（1）餐具无毒无味，符合国家食品卫生标准。

（2）餐具质地光滑，不易破损。

（3）餐具耐热性强，适合在洗碗机清洗、消毒。

（4）餐具保温性好。

（5）餐具化学稳定性好，抗味性高，不易残存食物的味道。

（6）餐具可根据用户的要求设计贴花图案，耐久性好，不易脱落。

（二）中式快餐餐具材质

中式快餐餐桌上常见的餐具多为三类材质：陶瓷、密胺、不锈钢餐具。

1. 不锈钢餐具

不锈钢餐具具有消毒方便、耐高温、容易清洗、耐用性长、表面光洁、手感结实的优点。但是，不锈钢餐具是西方生活的产物，在中国没有太长的使用传统和历史，也不太符合东方人的生活习惯和审美传统，目前在中式快餐团膳中使用较普遍，如图 6.8所示。

2. 陶瓷材质餐具

陶瓷材质餐具的安全性、色彩、光泽、艺术气质比较适合东方人的生活习惯和审美习惯，但陶瓷餐具的易碎性、高价格决定了其耐用性、实用价值并不高，不适宜在快餐业普遍推广采用，传统陶瓷餐具如图 6.9 所示。

图 6.8　不锈钢餐具

图 6.9　陶瓷餐具

3. 密胺餐具

中式快餐餐桌上的餐具大多数是密胺的氨基塑料材质做成的，密胺餐具具有陶瓷或不锈钢餐具所不能比的特点。从安全角度考虑，密胺餐具无毒无辐射的特点，在使用过程中，餐具表面不会出现缺口，且不易破碎、耐腐蚀、抗老化、耐摩擦等有点，同时餐具的保温效果好、热率低。密胺餐具如图 6.10 所示。

图 6.10　密胺餐具

二、西式快餐产品包装的要求

西式快餐产品主要以炸鸡、汉堡包、薯条以及饮料为主，一般都采用纸制包装，例如，纸盒、纸袋、纸筒等。在各西式快餐连锁店中，汉堡包用的纸是一张一张的。薯条、外卖等通常采用纸袋，各类包装纸中纸袋占的比例最大，其次是纸质一次性容器，如纸杯或纸盒等，各类炸鸡、派类普遍采用纸盒包装；而各类果汁、可乐等饮料的包装物也都广泛用纸罐或塑料罐。目前，对西式快餐食品普遍采用的纸质包装的具体要求有以下几个方面：

（1）具有良好的卫生性和原料来源的广泛性。

（2）绿色环保，易降解和可回收利用性。

（3）具有良好的温度耐受性、保鲜性、感温性、感水性等功能。

（4）具有防潮、防腐（抗氧化）、耐水、耐酸、耐油、除臭等功能。

（5）具有优异的可塑性、良好的挺度和易成型性，可制成各种不同功能的快餐食品包装制品。

（6）纸材料对水溶性胶水和水性油墨具有良好的亲和性，具有良好的印刷性。

三、外送快餐产品的包装要求

外送型快餐与餐厅供应的快餐有较大的区别，因为其流动性、派送性，故须采用恰当的包装材料及包装方法。包装外送快餐，要求有专门密闭餐具保洁柜和食品容器保洁柜或货架，盛装外送快餐的一次性容器、包装材料和食品用工具，禁止重复使用。运输外送快餐，应当使用封闭式专用运输或者保温容器。车辆、容器在每次运输前应清洗消毒，保持清洁，符合有关卫生要求。在运输装卸外送快餐过程中，应防止污染。外送快餐产品的具体包装要求如下：

（1）无毒无味，符合国际食品卫生包装标准。

（2）一次性使用，易降解和可回收利用性。

（3）液态（半固态）快餐食品，在外送过程中避免洒漏。

（4）良好的温度耐受性、保鲜性、防腐（抗氧化）、耐酸，耐油、除臭等功能，可根据食物进行冷藏保鲜或微波加热 。

（5）便于携带、运输。

（6）餐盒规格分单格（大、中、小），不同食物分格盛放，主食和菜肴分格放置，避免不同食物风味交叉影响。

（7）上长×宽＋下长×宽＋高（毫米）可有不同尺寸，可根据客户需要调整食物分量。

（8）包装具有防风、防沙、防尘功能；具有防水、防潮保温功能；具有避光、降温功能。

（9）餐盒印刷的各种图案和文字，要求采用环保无毒油墨，确保印刷色泽均匀、美观、健康环保。

（10）采用二次高温杀菌工艺方式生产的外送快餐，必须在其最小外包装的显著位置标出品名、生产单位、地址、生产日期及时间、保质期限、保存条件和食用方法等，

并不得含有虚假内容。

常见快餐外送保温箱及丽华外送快餐包装如图 6.11 和图 6.12 所示。

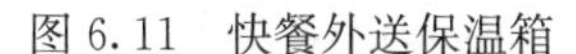

图 6.11　快餐外送保温箱

图 6.12　快餐盒饭包装

第三节　快餐产品包装的发展趋势

如今，人们对包装要求的不断提高，是包装业不断发展的主要原动力。工业食品包装业的发展是先于并优于快餐食品包装业的发展，工业食品包装的发展主要经历了三个阶段：

第一阶段是二战之前，当时的包装生产处于较低水平，主要采用罐藏包装（玻璃罐、马口铁罐），质量差，产量也低。

第二阶段是 20 世纪 50 年代到 60 年代，塑料、纸质复合材料投入制罐生产，使包装容器由硬质罐扩展到软质罐；同时，随着技术的进步，纸的质量有了很大提高，“以纸代罐”的包装改进工作得以实现。

第三阶段是 20 世纪 60 年代到 70 年代后期，纸的质量基本达到了可以代替马口铝铁罐的程度，随之发展的可降解的纸质包装材料和包装技术等大大促进了食品包装市场的进步。

随着快餐业的快速发展，以工业食品包装材料、包装技术为依托，快餐食品包装业也取得了长足的进步。我国快餐业起步较晚，快餐食品包装业水平目前正处于起步阶段，而西方发达国家的快餐食品包装业已经进入高速发展阶段，西方的高质量、精美设计、功能多样的快餐食品包装是值得我们学习和借鉴的。根据我国快餐的特殊情况，吸收国外先进的技术和经验，摸索出一条适合我国快餐业特有的发展道路。

一、包装绿色环保化

早从20世纪80年代开始，十分注重环保的欧美国家，如德国、美国等，首先兴起的绿色包装逐渐推向世界各国。如今研究绿色包装技术、开发绿色包装产品已成为当前包装界和世界经济建设的重要课题，绿色包装产品将成为21世纪国际性的包装主导产品。

快餐食品最初大量使用的是以聚苯乙烯（EPS）为主的一次性快餐包装材料，自1985年从日本引进第一条生产线以来，被国内广泛使用。这种包装纸易于制造，并且能够对食品起到有效的保温作用，但不足之处是聚苯乙烯对空气有污染且不能为生物所分解。随着环境保护意识的增强，以发泡聚苯乙烯快餐盒为代表的塑料包装将被新型的纸质类包装所取代。目前为止已有多种新产品问世，主要有光降解和生物降解两大类材料，前者是合成分子类或天然高分子类，后者包含淀粉塑料纸浆和纤维材料。

日本和欧美发达国家在对绿色环保包装的技术上各有特色，并达到了一定的高度，其制品的生产形成了一定的规模和影响。例如，日本钟纺合纤公司从玉米中提取的聚乳酸为原料，制造出了生物降解型发泡塑料。日本四国工业技术试验用纤维素与壳聚糖混合制得了可用做包装材料的纤维素基塑料，其力学性能良好、降解速度快。另外，美国KIM等制成了醋酸纤维/MDI共聚物。目前，国内麦当劳采用可再生材料制成的包装已占据麦当劳包装总量的82％。

EPS传统泡沫快餐盒及丽华快餐使用的环保可降解快餐盒如图6.13和图6.14所示。

图6.13　EPS传统泡沫快餐盒

图6.14　环保可降解快餐盒

二、生产设备高效化

随着快餐业中央厨房的不断推进，各种新型包装设备不断出现，因此快餐企业的生产集中度和自动化程度得到不断提高，其包装设备正向大型化、快速化、高效化、自动化方向发展。例如，全自动快餐盒封盖机。

三、包装材料智能化

随着物质生活的日渐丰富，人们对快餐包装的要求已不仅仅是保护食物不受损坏，同时还要求其具有保鲜、防腐、抗菌、防伪、延长保质期等多种功能。于是各种全新概念的包装材料和包装技术应运而生。例如，在快餐食品包装中，最近研制成功由真正高效的物质制成的智能保鲜塑料膜，不仅能够防止污染，而且还有良好的防止太阳等光线照射和防止氧化等功能。这种智能包装甚至还可以在包装破损或存储温度过高时发出警示信号。

四、结构形式新颖化

结构形式新颖化对快餐企业而言，在性价比相同的情况下，什么样的产品能吸引消费者，什么样的产品能让消费者购买，这些问题使企业对同类产品的终端陈列提出了更高的要求，直接导致企业在产品销售包装上下工夫。例如，麦当劳 2008 年 11 月推出的新一代全球包装，首度全面展现该品牌历史。通过融合醒目的文字和生动的图案，展示出麦当劳如何完成高品质原料和食物的准备工作，与顾客分享麦当劳食品质量故事，消费者对麦当劳的食品了解越多，就会越喜欢它。再如，韩国一公司率先推出的康美快餐汤，是一种大豆和肉汤混合的美味食品，采用康美包无菌纸盒包装的一种新产品——砖型迷你包纸盒包装。该产品携带方便安全，消费者可随时直接饮用这种带汤的产品，只需要用包装上自带的吸管即可。

五、包装材料和包装技术特殊功能化

特殊功能包装材料和包装技术，如防光污染包装材料、除菌包装材料、化学污染及重金属消除包装技术、环境（温、湿度）自动适应包装技术、纳米包装材料等包装技术和材料都成为包装设计和气调技术的研发重点，且在国内外都有所突破，目前主要在食品包装中使用更多。例如，在巧克力、冰淇淋等一些热敏感性产品的包装中，低温快速封合的包装材料正在逐渐代替传统的热压封合包装材料。由特殊胶水代替热封层局部涂布在基材表面，在常温下挤压封合，可以减少热传递的时间，封合速度大大提高。另外，日本一家公司研制成一种新型的用于快餐食品的耐热塑料，耐热变形温度达 280℃以上，且加工性能好、没有毒性，完全能保持快餐食品的风味。

六、包装材料可食性化

可食性包装是指当包装功能实现后，即将成为“废弃物”时，它转变为一种食用原料，这种可实现包装功能转型的特殊包装便称为可食性包装。

可食性包装是世界食品工业新科技发展的主要趋势，它已涉及广泛的应用领域，如肠衣、果蜡、糖衣、糯米纸、冰衣和药片包衣等。由于可食性包装功能多样，无害环境，取材方便，可供食用，因此近年来发达国家食品业竞相研制开发，新产品和新技术

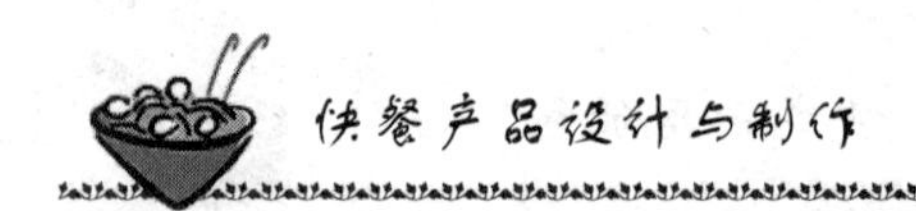

不断涌现。

（一）以豆渣为原料

日本一家研究所利用新技术，以豆渣为原料，制成了一种遇热能熔，有一定营养价值且可食的包装纸。该包装纸适合快餐面调味料的包装，可一同食用。

（二）以淀粉为原料

沈阳一公司从德国引进以天然淀粉为基础制成淀粉快餐盒，利用全降解发泡技术和设备，采用80%的全植物性添加剂制成快餐器具，回收后可制成饲料、肥料，这种快餐盒每只成本0.15元，是纸质餐具的1/2 。

（三）以壳聚糖为原料

壳聚糖是虾、蟹、昆虫等甲壳的提取物。这种可食性膜由美国研制开发成功，厚度仅0.2～0.3毫米，主要用于果蔬类食品的包装。日本用脱乙酸壳聚糖作为原料加工成一种可食性包装纸，用于包装快餐面、调味品等。

（四）多功能可食性包装

可食性包装还有许多奇特用途。如澳大利亚推出可食的盛装薯条的容器，并在这种容器内加入酱味、鸡味以及酸、辣、咸等风味，从而使容器的味道并不逊色于盛装的薯条。儿童在吃完薯条之后对大嚼容器很感兴趣，这种盛薯条的容器推出后已经在全澳4万多个销售网点使用，并受到世界各地的关注，现在生产可食性容器的设备已运往美国。另外，利用含有色素的可食涂料，对不易着色的食品进行表面染色，既可降低色素总用量，又能扩大色素染色范围，并提高其染色效果和稳定性。

（五）其他可食性包装材料

美国威斯康辛大学食品工程系将不同配比的蛋白质、脂肪酸和多糖混合在一起，制成一种复合型可食性包装膜，可以满足不同食品包装的需要。美国科学家甚至已经分别用植物蛋白和小麦面粉制备出了可食性餐具和食品包装容器，它们不仅有很好的耐热性、透气性和阻湿性能，还可以和食品一起被送入口中，入口即化，同时，它们大多被浸涂于农产品或食品的表面，干燥后人们很难觉察到它，所以透明而不易被发现。

快餐食品包装是指采用适当的包装材料、容器和包装技术，把食品包裹起来，以便

食品在运输、贮藏和销售过程中保持其价值和原有状态。快餐食品包装呈现出几大特点：薄型化、轻量化、安全性；设计的多样化；保温性、耐热性、防油、防水性。

快餐食品包装的基本要求包括三个方面：中式快餐产品包装的要求、西式快餐产品包装的要求、外送快餐产品的包装要求。

快餐食品包装的未来发展呈现六大趋势：包装绿色环保化、生产设备高效化、包装材料智能化、结构形式新颖化、包装材料和包装技术特殊功能化、包装材料可食性化。

1. 名词解释

快餐食品包装　可食性包装材料

2. 简答题

（1）快餐食品包装的意义？

（2）中式快餐包装的基本要求包括哪些？

（3）西式快餐包装的基本要求包括哪些？

（4）外送型快餐包装的基本要求包括哪些？

（5）快餐食品包装设计的多样化的内容？

3. 问答题

（1）快餐食品包装的特点包括哪些？

（2）如何认识快餐食品包装的未来发展趋势？

食品纸包装发展空间巨大

近些年来，在包装工业中，纸与纸容器占有非常重要的地位。在中国，纸包装材料占包装材料总量的40%左右，从发展趋势来看，纸包装的用量会越来越大。据有关规划部门预测，从2006～2010年达到2700万吨，从2011～2015年达到3600万吨。同时，“限塑令”的实施，更进一步推动了纸包装的市场需求。

在人们对环保健康意识不断增强的今天，对包装的要求也越来越高。为适应绿色包装的发展需要，目前，纸包装正朝着多功能性的几个方向发展。

防湿：在纸的表面浸喷防水材料，使其成膜附于纸的单面或双面，使食品包装纸材具备防湿性能。这种纸同时具有良好的印刷、折叠、黏合等特性，可以像普通纸材一样使用。

保鲜：纸浆经过化学处理和添加具有选择性的树脂后，制成的纸可对烘焙食品起到

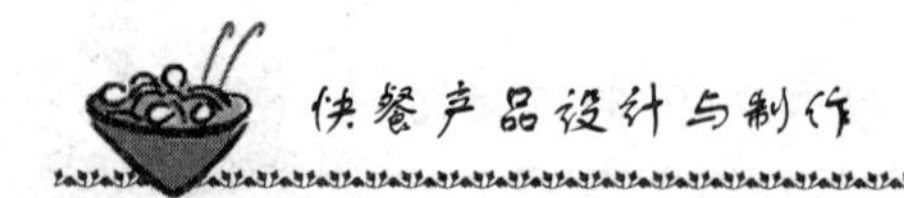

保鲜作用。

感温：在纸浆中加入可随温度变化而改变颜色的人造纤维，根据包装纸的颜色变化指示环境温度，根据食品包装袋颜色的变化有效地保存食品。

可视：经过特殊的表面处理，在纸的表面被润湿后，纸由不透明变为透明，消费者可不经拆封便能看清袋内食品，而在干燥状态下又可起到避光作用。

可食：从蔬菜和壳类物质中提炼出可食用的包装纸，既方便消费者，又避免了包装废弃物污染环境。

杀菌、防腐：在纸浆中注入杀菌或防腐原料，使纸包装具有防止细菌侵入和延缓食品变质的作用。

其他功能性食品包装纸，还有耐水、耐油、耐酸、除臭等各种特殊的材料。

第七章　中式快餐产品的制作

掌握主食、菜品、汤、粥、小吃等快餐产品的制作方法;掌握传统产品的快餐化方法。

现代快餐要求快速供应、品质恒定。快餐绝不是正餐的简单化，围绕“快”字进行科学化的管理和机械化、标准化的生产。因此，在快餐制作中，适度标准化的发展思路是可行的。

洋快餐是工业化大生产的产物。美国快餐企业生产方式是以分工为基础，将每一个生产过程科学地、合理地分解成若干简单工序。然后将每项工序做出明确的操作程序，实现标准化操作。例如，肯德基将一只鸡分成九块，清洗后甩七下，蘸粉料的方法是滚七下按七下，油炸成熟时间分秒不差。无论你走到哪个连锁店，都能得到品质相同的食品和服务。

现代中式快餐产品的制作，其实就是传统食品快餐化的过程。要求是把复杂的传统烹饪制作程序化、数据化，在操作店铺厨房尽量减少前期加工，尽量使用成品或者半成品，提供加工制作说明、制作注意事项、成品图片等资料，操作者凭借操作手册，只需进行简单的培训就可进行快餐制作，以满足快餐产品的同质化及制售快捷的特点。

(1) 掌握快餐制作的基本技术。

(2) 掌握传统产品的快餐化特点及方法。

(3) 掌握根据产品特点及加工条件来制作快餐的方法。

第一节　概　　述

从科学的角度看，快餐食品是烹饪科学与食品科学结合的产物，是食品科学向餐饮业渗透，烹饪走向科学化、工业化的必然产物。美国现代快餐生产方式是以分工为基础，将每一个生产过程科学地、合理地分解成若干简单工序，把自己拿手的独特的加工方法加以量化、标准化，实现传统食品的快餐化操作。

快餐的制作要求现场简单化。在快餐经营中，若在有限的空间塞进过多的利益点，经营过多品种或过多品种系列的模式，很难保证出品品质及速度，经营者为此要付出代价。因此中式快餐品种不可能太复杂，否则就难以保证食品的新鲜度、产品的鲜明特征及制售快捷的特点。

现代快餐是在传统烹饪的基础上，从原材料开始，对整个加工、运输、储藏、二次加工等所有流程进行优化，以满足快餐制售快捷的特点，提高产品的品质和口味。

现代快餐是社会经济和生产力发展到一定阶段的产物。现代快餐生产的产品主要表现在以下两方面：一是直接的快餐食品，其所形成的产业是快餐业；一是半成品或成品的标准化产品，实现的目的是烹饪的社会化。

由于中国人饮食习惯的不同，中式快餐产品与西式快餐产品相比较，品种更加丰富，美国、日本、中国快餐的品种数量的比较如表 7.1 所示。

表 7.1　美国、日本、中国快餐的品种数量的比较

国　家	快餐品种举例
美国	汉堡包、鸡块、土豆泥（条）、沙拉以及咖啡、可乐、橙汁、茶等
日本	咖喱饭、鸡肉饭、猪肉饭、乔麦面、寿司、天婆罗、日式汉堡、拉面、饺子等
中国	米饭、包子、饺子、面条、烧菜、炒菜、蒸菜、拌菜，汤、粥及各种小吃等

第二节　中式快餐主食的制作

中式快餐主食的一般制作流程如图 7.1 所示。

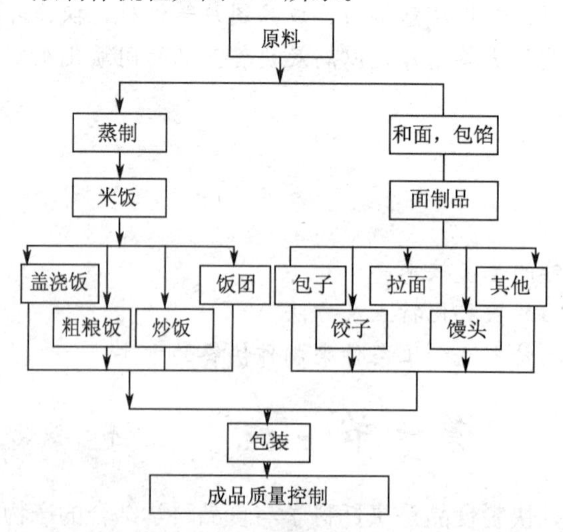

图 7.1　中式快餐主食的一般制作流程图

一、常见的主食原料及特性

中式快餐中常使用的主食原料有大米、面粉，其次是一些杂粮面如玉米、小米、高粱、红薯、黑米、燕麦等。为了调节主食产品的风味和营养，通常可以是几种原料混合使用。在实际生产中，应根据消费者的需求及喜好来进行合理搭配，同时注意控制加工品质的好坏及价格的高低等因素。大米、面粉中的主要化学成分是淀粉、蛋白质、脂肪，其含量如表 7.2 所示。

表 7.2　大米、面粉中的主要化学成分含量

含量	糖类/%	粗蛋白质/%	脂肪/%
大米	80	8.09	1.8
面粉	75	6～14	1～2

由于大米面粉中含有丰富的淀粉和部分蛋白质，在加工中都要发生变化，其淀粉粒在适当温度（一般在 60～80℃）下，在水中溶胀、分裂、形成均匀糊状物，糊化是含淀粉食品加热烹制时的基本变化。由于淀粉糊化后，淀粉糊具有一定的黏性、弹性和透明性，米面中的蛋白质也要发生变性，这些变化使米面制品具有一定的口感，它常常决定烹饪食品的质量和食用价值。

面粉中面筋的形成对面团的弹性、延展性、可塑性影响较大，在加热过程中，面粉蛋白质变性后，面团的工艺性能会发生很大的变化。

二、米制品的制作

米饭是我国第一大谷物主食，在日常膳食中占有非常重要的地位，其主要成分是碳水化合物，米饭中的蛋白质主要是米精蛋白，氨基酸的组成比较完全，人体容易消化吸收。

（一）工艺流程

大米⟶清洗⟶计量⟶浸泡⟶蒸制⟶成品⟶分装

（二）关键技术

（1）泡米要求：先把米在冷水里浸泡 1 小时，使米粒充分的吸收水分。这样蒸制时间短，米饭颗粒饱满，口感软糯。

（2）米和水的比例：米和水的体积比一般是 1∶1.5，米饭软硬度适中。若是使用的新米，则水的用量应略有减少，一般为 1∶1.2 即可。

（3）米饭增香：在锅里加入少量的植物油，可使米粒晶莹剔透，米香浓郁。

（三）常见变化

为了满足更多消费者的需求，增加米饭制品的花色品种，丰富主食的营养，常见米饭的变化如表 7.3 所示。

表 7.3　米饭的变化

米饭的变化	变 化 内 容	特　点
盖浇饭	在米饭上浇入烧、卤、炒等菜即可	操作简单、快捷，标准化程度高、风味各异
粗粮饭	在大米中添加适量玉米粒、红薯、豆类、燕麦、荞麦等一起蒸制	容易搭配、操作简单、营养丰富、标准化程度高
炒饭	米饭中加动、植原料及调料炒制即可	风味各异，品种繁多，易标准化
饭团	米饭中卷入生鲜、肉类、水果、奶酪等	风味、色泽变化多，标准化程度高

（四）主要设备

目前已有性能比较好的设备如自动米饭生产线、柜式米饭蒸箱（柜）、万能蒸烤箱等用于快餐米饭的生产。燃气蒸箱、双门全自动蒸柜，电、汽两用双门蒸车如图 7.2～图 7.4 所示。

图 7.2　燃气蒸箱

图 7.3　双门全自动蒸柜

图 7.4　电、汽两用双门蒸车

（五）快餐化特点

快餐化的特点是：米饭制作简单，批量化生产制作难度小，机械化程度高。

三、面制品的制作

面食是仅次于米饭的第二大谷物主食，尤其是蒸制面食品是我国北方地区老百姓一日三餐中必不可少的主食。面食制品在快餐中占有很大的比例，如面条、馒头、包子、饺子、面包等。

蒸制面食具有色白、喧软、膨松而后味香甜、便于配菜等特点，这里以包子为例。包子是一类带馅面食，是将发酵面团擀制成面皮，包入馅料成型的一类带馅蒸制面食。

（一）工艺流程

面粉及辅料⟶和面⟶发酵⟶压延⟶制皮⟶包馅⟶包装⟶成品⟶蒸制

（二）关键技术

1. 面皮制作工艺——酵母发面

（1）配料准备：中筋面粉、干酵母、泡打粉、油脂、温水、糖等原辅料称量好后备用。

（2）制作方法：

① 将面粉倒入和面机内，加入干酵母、泡打粉、糖等，低速拌合均匀。

② 在和面机内加入温水（水温≤35℃），放入油脂，搅拌形成非规则的小颗粒，逐步形成若干分散的大团块，揉合至面团后，再饧发约1小时左右。

③ 待面饧好后，面皮成型、充馅、挤压成型。

2. 包子馅的制作工艺

猪肉馅（肥瘦比约3∶7）中加入复合调味料在斩拌机中斩拌至肉馅发黏成糊状即可。

四、常见变化

包子的种类很多，面皮及馅心配料的主要变化如表7.4所示。

表7.4　面皮及馅心配料的主要变化

包子的变化	变化内容
面皮的变化	在面粉中加入适量的玉米粉、大豆蛋白粉、黑米粉、红薯、豆渣等
馅心的变化	甜馅（豆包、果馅包芝麻馅等）、咸馅包（肉馅包、素馅包）等

五、主要设备

面制品设备主要有卧式和面机、立式和面机、馒头成型机、饺子成型机、面包及包子自动成型机如图7.5～图7.9所示。在包子成型机的基础上，配置连续蒸物机和整形输送机，就构成了包子生产线。

图 7.5　卧式和面机

图 7.6　立式和面机

图 7.7　馒头成型机

图 7.8　饺子成型机

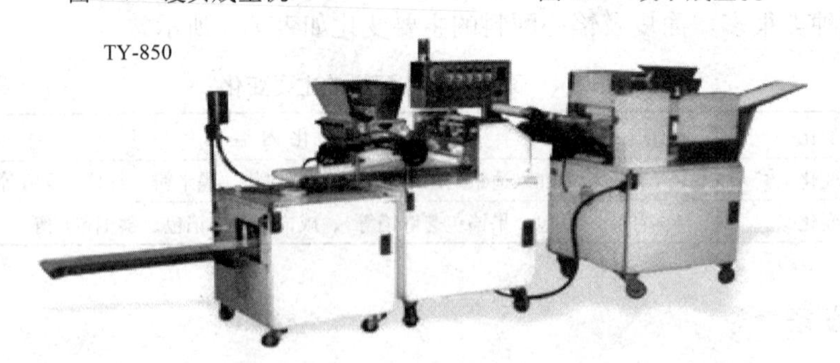

图 7.9　面包、包子自动成型机

六、快餐化特点

包子的制作从和面、制皮、制馅、成型等都可用专门设备完成，不仅节省人力、时间、费用，而且标准化程度高，产品质量稳定性好。在以上操作中固体及液体调料可按

不同风味要求，制成标准化的调料包以保证品质的统一。

七、快餐企业主食单品及套餐实例（图7.10～图7.15）

图7.10　鲜肉锅盔

图7.11　鸡锦牛肉饭

图7.12　蒸饺与粘豆包

图7.13　番茄咖喱蛋包饭

图7.14　东坡饭

图7.15　麻婆饭

第三节　中式快餐菜品的制作

中式快餐菜品的制作流程如图 7.16 所示：

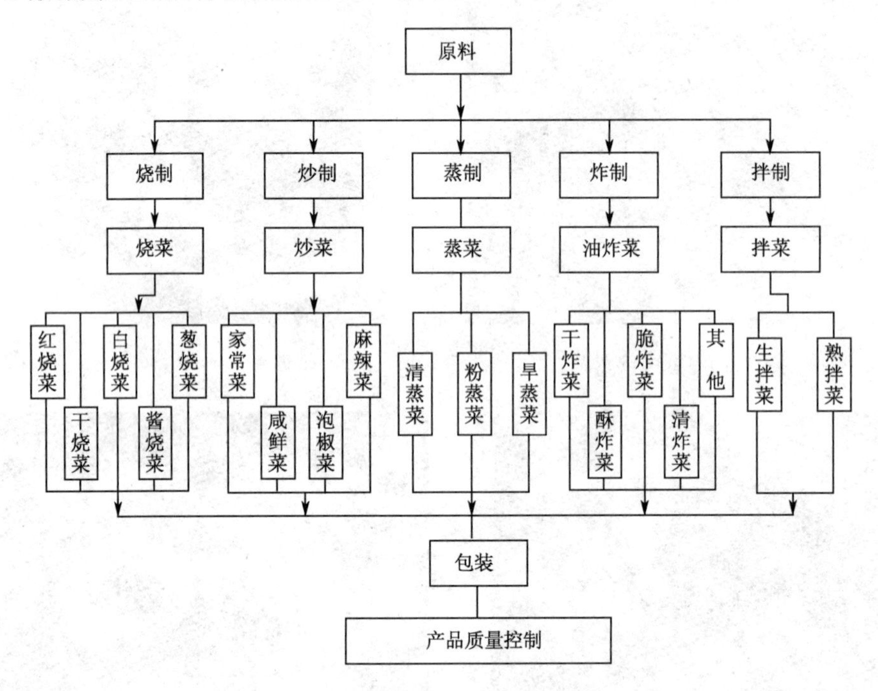

图 7.16　中式快餐菜品的制作流程

一、烧菜类

“烧”就是原料经过炸、煎、煸、炒、蒸、煮等初步加热后再加汤和调料进一步加热成熟的一种烹调方式，是最常用的烹饪方法之一。由于烧制菜肴的口味、色泽的不同，以及成菜汤汁的多寡，又分为若干烧法。常见的烧制方法主要分为红烧、干烧、白烧、酱烧、葱烧等几类。它们各自的特点如表 7.5 所示。

表 7.5　红烧、干烧、白烧、酱烧、葱烧类菜肴特点

烧菜类型	菜肴特点	注意事项
红烧类	原料初步热加工后，须放酱油调味，成熟后为酱红色	上色不可太重，过深会使成菜肴颜色发黑，味道发苦，红烧菜肴放汤时用量要适中
干烧类	操作时不用专门勾芡，靠原料本身的胶质烹制形成“芡汁”	长时间小火烧制，使汤汁渗入主料内烧尽，其特点是油大、汁紧、味浓，上色不可过重
白烧类	白烧不放酱油，一般用奶汤烧制	忌用深色调味料
酱烧类	用酱调味上色，酱烧菜色泽金红，带有酱香味	注意食盐添加量，避免菜肴口味过咸
葱烧类	用葱量大，味以咸鲜为主，并带有浓重葱香味	注意葱在菜肴中的使用比例，约为主料的 1/3

（一）工艺流程

原料清洗⟶切配⟶焯水（油炸）⟶烧制⟶调味（浇汁）⟶成菜

（二）关键技术

1. 主辅料切配

主辅料可选择有风味和营养互补的动植物原料进行切配。为了去除原料中的异味、杂质使原料定型，烧菜原料大部分需要经过焯水或过油炸制的操作过程，焯水（过油）的目的及操作注意事项如表 7.6 所示。

表 7.6 焯水过油的目的及操作注意事项

焯水（过油）目的	注意事项
使血水渗出，去除杂质及腥味	动物原料焯水可加入料酒、葱姜
护色，避免营养素的流失	植物原料需要高温短时加热
油炸可使原料定型、增色	过油时油温及时间的控制

2. 烧制要点

烧制是做烧菜最重要的一个环节，烧制时火候的掌握很重要。下面以红烧类菜肴为例，其操作要点如下：

（1）油温在 120℃左右时下豆瓣酱等调料，用小火炒制，将调料、香料的颜色和香味炒出来即可。

（2）将炒好的料加水或鲜汤大火烧开后，加入复合调味料调色调味后，将所有的调料渣滤出装入布袋中扎紧后再放入汤汁中，改用小火继续烧制。调料和香料的香味逐渐融入到汤汁中，使汤汁色泽红亮，香味浓郁。

（3）加入已经焯水（过油）后的原料一起烧制。烧菜时，需根据主辅料是否容易成熟来确定下料的先后顺序，把握好火候，以避免出现肉类未熟、蔬菜已烂的状况出现。

（三）常见变化

烧菜的变化很多，常见烧菜的味型、原料及搭配变化如表 7.7 所示。

表 7.7 烧菜的味型、原料及搭配变化

烧菜变化	变化内容
味型变化	家常味、麻辣味、咸鲜味等，还可以突出特殊原料的特殊香味
原料变化	根据季节的变化而变化，还可以从降低成本上考虑原料的变化
搭配变化	把烹煮好的烧菜浇盖在米饭上，与米饭一起混合食用（盖浇饭）

（四）主要设备

切菜机、炒锅、夹层锅等。万能切菜机、CBM-40 切丁机如图 7.17 和图 7.18 所示。

图 7.17　万能切菜机

图 7.18　CBM-40 切丁机

（五）快餐化特点

1. 工艺标准

烧菜类菜肴的制作从原料的初加工到烧制是比较容易实现快餐的批量化、标准化制作的一类菜品。原料的总量一经确定，就可按照其标准化的加工工艺流程来制作，操作时受个人因素影响较小，这类菜品很适合快餐的大众化消费。

2. 复合调味

在大批量烧制过程中，根据主辅料的量，采用标准的复合调料包进行调味，来保证各批次菜品风味的统一。

3. 预先准备

烧菜类还可以预先将荤菜类原料加工成熟后进行降温、冷藏（冻）储存，在各分店再与蔬菜进行烧制，达到现场快速烹制的目的。

4. 火候掌握

由于烧菜的原料成熟过程属于水传热成熟，所以原料成熟过程中火候影响较小，便于控制，但是要注意加热的时间，防止出现汤汁过少引起的干锅、糊锅现象。

二、炒菜类

“炒”是最广泛使用的一种烹调方法，适用于炒的原料，多系经刀工处理的小型丁、丝、条、球等形状。炒菜的特点是脆、嫩、滑等。炒菜是中国快餐消费者比较喜欢、适宜现炒现卖的一类菜肴，但这类菜肴在制作上相对比较难统一标准。

（一）工艺流程

原料清洗⟶切配⟶上浆⟶过油（焯水）⟶炒制⟶加复合调味料⟶炒制成菜

（二）关键技术

1. 主辅料搭配

主辅料选择时，从产品的营养、口味及成本上看，最佳的搭配是荤素搭配，如青椒炒猪肝、蒜苗回锅肉、芹菜牛肉丝、鱼香肉丝等。

2. 半成品的加工

由于炒菜具有快速成熟的特点，其主辅料的成型尽量做到厚薄、粗细、长短均匀一致，避免出现主辅料生熟不匀的现象出现。

3. 上浆工艺

使用事先配制好的浆汁来给原料码味、上浆，防止脱浆以保持水分。

4. 过油、焯水

中式快餐里的炒菜的量一般是介于大锅菜与小锅菜之间，因此在操作上需对原料进行预处理，通常采用过油或焯水的方法来处理。

1）肉类

这类原料通常可采用过油处理，使之预先成熟或定型，油温烧至150～170℃左右，放入肉丝或肉片，迅速将其炒散，盛出沥干油后待用。

2）蔬菜类

这类原料需要高温短时焯水处理以防止成熟后易吐水或颜色的变化，同时为了使绿叶蔬菜的色泽保持稳定，可以在水中加入少量的小苏打（0.5%）或少量的植物油一起焯水。注意焯水后的蔬菜应立即放入盛有流动自来水的器具中降温，否则会影响菜肴的色泽及脆度！

5. 炒制工艺

在炒制过程中一定要以最快的速度高温短时翻炒，保证原料受热统一，炒制单元的操作要点如表 7.8 所示。

表 7.8　炒制单元的操作要点

菜品种类	操作要点
荤菜搭配类	把已经称量好的油加热到在 150℃左右 把已过油、定量好的肉类、蔬菜等原料，先后放进炒菜锅里，按规定加入复合调味料，快速翻炒即可
素菜类	把已经称量好油加热到在 150℃左右 加入定量的原料，快速翻炒，翻炒均匀后调味即可 对于易脱水的原料，起锅需要进行勾芡处理

（三）常见变化

炒菜风味独特，变化较多，炒菜常见的变化如表 7.9 所示。

表 7.9　炒菜的常见变化

炒菜变化	变化内容
味型变化	家常味、酱香味、咸鲜味、鱼香味、麻辣味、泡椒味等
原辅料变化	青椒炒猪肝、西红柿炒鸡蛋、鱼香肉丝、木耳肉片等

（四）主要设备

炒菜类主要设备有切菜机、自动炒锅等。燃气式可倾炒锅（不锈钢型）、LHCCC1 燃气式搅拌炒锅如图 7.19 和图 7.20 所示。

图 7.19　燃气式可倾炒锅（不锈钢型）

图 7.20　LHCCC1 燃气式搅拌炒锅

（五）快餐化特点

在中式快餐中，炒菜是标准化、流程化难度较高的一类菜品。由于炒菜具有瞬间受热的特性，需要我们事先做好充分的准备，如原辅料初加工后称量放置、复合调料包的准备等工作，来完成炒菜的快餐化过程，实现依靠流程，而不依靠厨师的目的，以减少人为经验因素的干预，解决制售快捷和标准化的问题。

1. 口味的标准化

由于炒菜的味型变化比较多，个别菜品的调料较多，同时味型的形成与调料的投放顺序有密切的关系。鉴于此种情况，可以使用量勺、量杯或复合调料包来保证各批次菜品口味相对一致。

2. 原料的标准化

炒菜属于高温短时加热的操作方式，炒菜的原料必须严格控制规格，尽量以丝、丁、片为主，防止受热不匀影响菜品质量。对于某些的原料可采用预先焯水、过油等热处理工艺。

3. 炒制温度的标准化

炒菜对于温度的要求较高，不同的原料对温度的要求是不一样的，可选用可控火力档级的炒锅来控制火候。

4. 半成品配送、店面加工

在中央厨房事先把肉丝或肉片上浆后过油，配上定量好的辅料及调味包，用冷藏车配送到给分店，在门店现场炒制，以减少人工操作上产生的菜肴口感差异。

因此，为了保证中式快餐炒菜风味的品质，必须把这些炒制程序一一进行量化。根据就餐高峰、低谷划分每锅每次 10 份、30 份等不同的量，进行单元炒制，依据不同单元确定原辅料的份量、调味料的投放顺序、炒制火候的大小，使不同批次的炒菜成品同样鲜嫩适口。

三、蒸菜类

我国素有“无菜不蒸”的说法。蒸菜是利用水沸腾后产生的水蒸气为传热介质，使食物成熟的一种烹调方法。其特点是保持了菜肴的原形、原汁、原味，能在很大程度上保存菜肴的营养素。蒸菜的口味鲜香，嫩烂清爽，形美色艳，而且原汁损失较少，又不混味和散乱，因而蒸菜适用面广，品种多。在烹饪中，蒸制方式还能制作主食、小吃和糕点。

由于原料在蒸制加热过程中处于封闭状态，直接与蒸汽接触，一般加热时间较短，水分不会有大量蒸发，所以成品原味俱在，口感或细嫩或软烂。

根据蒸制菜品的加工方法及风味特色，可以分为清蒸、粉蒸、旱蒸等三类，其加工方法及风味特色如表7.10所示。

表7.10　清蒸、粉蒸、旱蒸的加工方法及风味特色

蒸菜的分类	加工方法	风味特色
清蒸类	将主料加工整理后加入调料，或再加入汤（或水）放入器皿中，使之一起加热成熟	呈原色、汤汁清澈、质地细嫩软熟的特点
粉蒸类	将原料用炒好的米粉及其他调味料拌匀，而后放入器皿中码好，用蒸汽加热成熟	呈黄褐色，味醇香，油而不腻，质地软烂不散
旱蒸类	原料只加调味品不加汤汁，有的器皿还要加盖或封口后蒸制	形态完整，原汁原味，鲜嫩可口

这里以粉蒸菜类菜肴为例，介绍其快餐化特点。粉蒸菜类风味独特，蒸制工艺标准化较容易，适宜批量化生产，蒸制菜肴具有营养、健康的优势，深受消费者喜欢。

（一）工艺流程

原料清洗──→切配──→调味──→拌粉──→蒸制──→成品

（二）关键技术

1. 主辅料搭配

蒸菜的用料较为广泛，一般多用质地坚韧的动物、植物类原料、涨发的干货原料、质地细嫩或经精细加工的原料，如鸡肉、鸭肉、猪肉、牛肉、羊肉、虾、蟹、豆腐、南瓜、冬瓜、土豆、红薯、芋头等按一定比例搭配起来使用，既增加菜肴风味，有可降低成本。

2. 调味工艺

蒸菜主要依靠加热前的一次准确调味。在快餐批量化生产中，可以按照一定量的原料配制复合调味料包，原料调好味以后在0～10℃的冷藏条件下，腌制10小时左右使原料充分渗透入味。

3. 米粉拌制

（1）米粉制备：将籼米在铁锅中小火炒制，至香气扑鼻、米粒金黄时出锅，冷却后用电动碾磨机加工成蒸肉米粉。原料质老的可选用粗米粉，原料质嫩的可选用细米粉。

需要注意的是，米粉一定不能碾磨得过细，其颗粒要稍微粗一些，否则会影响粉蒸肉的口感。

(2) 米粉拌制：将腌制好的原料与蒸肉米粉在搅拌机中低速混拌，使其原料表面均匀地裹上蒸肉米粉，然后按要求的份量装入碗中或托盘中备用。粉蒸菜品原料在摆放时应适当疏松，相互之间不能压实压紧，否则影响菜肴的质量。蒸肉米粉使用量要适中，过多不疏松易板结，过少则不饱满，主料与米粉量的一般比例为10∶3。

如果是做糯米排骨，糯米需要浸泡12小时后沥干水分，添加约0.5％少许食盐，将泡好的糯米撒在排骨上面（盖满），或者在排骨上裹上糯米即可。排骨与糯米的比例为10∶4。

4. 蒸制工艺

根据不同原料及加工量的不同来确定蒸汽量的大小及加工时间的长短。质感细嫩松软的菜品，用旺火沸水速蒸制；质地偏老不软的菜品，用旺火沸水长时间蒸制。

（三）常见变化

粉蒸类菜肴可以根据季节、成本改变而有的很多变化，其常见变化如表7.11所示。

表7.11 粉蒸类菜肴的常见变化

常见变化	变化内容
味型变化	家常味、麻辣味、蒜香味、咸鲜味、五香味、咸甜味等
原料变化	既可以全部使用动物性原料，也可全部使用植物性原料
辅料变化	选用土豆、南瓜、芋头、红薯等垫底，以增加风味，降低成本
米粉变化	米粉中加入少量的玉米渣，也可在原料外面包裹糯米粒

（四）主要设备

蒸菜类设备主要有锯骨机、肉食切片机、蒸箱、电动碾磨机、万能蒸烤箱、电、汽两用双门蒸车等。锯骨机、FNC-360型冷冻肉食切片机、大型LHCFZ9型蒸箱、连续式蒸物机如图7.21～图7.24所示。

（五）快餐化特点

1. 标准化程度高

蒸菜类菜肴从原料加工、搭配、调味到蒸制都很容易实现烹饪量化控制。其蒸制环节通过控制蒸汽柜的温度、压强和时间，使食物的蒸制过程完全量化。风味可以根据消费者的需求灵活变化。

图 7.21　锯骨机

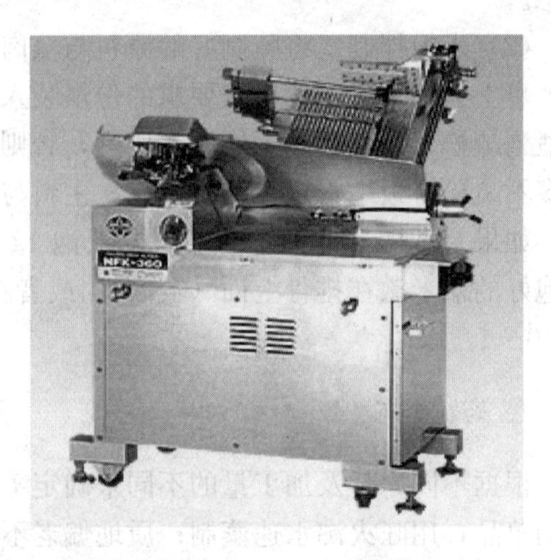

图 7.22　FNC-360 型冷冻肉食切片机

图 7.23　LHCFZ9 型蒸箱

图 7.24　连续式蒸物机

2. 适宜门店现场加热出售

这类菜品也可以在配餐中心里大批量加工成产品或半成品配送到门店，在店内只需进行简单地加热操作后即可提供给消费者。

3. 减少厨房资金的投入

蒸制工艺降低了厨房脱排系统资金投入过多的问题。

4. “全能”的制作工艺

蒸制工艺不仅可以制作菜肴，同时还可以制作主食、汤粥、小吃等全套快餐食品。

四、拌菜类

拌菜，是一种简便制作凉菜的方法。按菜的原料又可分为生拌、熟拌两种。生拌是以鲜嫩的果蔬为主料，经刀工、调味而成。熟拌是多以肉类原料为主料，先将原料煮制后，经刀工和调味而成。拌菜类菜肴制作简单、方便、快速，易标准。

（一）工艺流程

原料清洗──→切配──→焯水（卤制）──→调味──→拌制──→成品

（二）关键技术

1. 果蔬原料的处理

（1）生拌原料要用大量的清水冲洗，然后在消毒水中消毒，以防病菌和残留农药中毒。

（2）熟拌的果蔬等原料，也须在净水中反复清洗，在沸水里汆透或煮熟，或在油锅里炸熟。

2. 肉类原料的煮制或卤制

猪牛羊肉及其内脏洗净后可在夹层锅中，经过煮制或卤制后直接食用或拌制后再食用。

3. 复合调味包

调味是拌菜的关键，也是形成菜肴鲜美味道的主要程序。根据原料的特点和消费者的要求，在配餐中心统一调制不同风味的复合调料包。

（三）常见变化

拌菜的风味变化较多，常见的变化如表 7.12 所示。

表 7.12　拌菜常见的变化

常见变化	变化内容
原料变化	全素菜、全荤菜，也可以荤素搭配
味型变化	咸鲜、麻辣、酸辣、红油、蒜泥、怪味、甜酸味型等

（四）主要设备

切丁机、切菜机 夹层锅、纯净水机。

（五）快餐化特点

（1）制作工艺简单，操作容易规范标准。

（2）使用复合调味包，调味方便快速，厨师只需简单拌制。

（3）成菜速度快速，满足快餐制售快捷的要求。

五、油炸类

油炸是旺火、多油、无汁的一种烹调方法。油炸时可使原料中的淀粉糊化，蛋白质变性，水分以蒸汽形式逸出，使食品具有酥脆的特殊口感，其独特的风味深受消费者的喜爱。油炸方式加工时间短，能满足快餐现场快速制作的要求，因此，油炸类产品在中式快餐中也是一类重要产品。

根据油炸工艺的不同，成品效果也不同。炸制方式有：清炸、干炸、软炸、酥炸、面包渣炸、纸包炸、脆炸、油淋炸等。这里主要介绍其中一种酥炸，即把整形好的小块原料腌制入味后裹上专用的裹粉，油炸后外皮色泽红润或金黄，口感外酥里嫩，香气四溢。

（一）工艺流程

原料清洗⟶切配⟶调味⟶拌粉（挂糊）⟶炸制⟶成品

（二）关键技术

1. 腌料工艺

为了使油炸食品风味更佳，出品率增加，达到外酥里嫩的口感，动物性原料一般要先进行腌制，通过腌制后的原料，不仅可以使原料入味，而且使产品保水性好、口感细嫩、出品率提高。腌制时可采用复合调味包在真空腌制机中腌制、滚揉。小块原料如鸡翅等在常温下腌制 1～2 小时即可。

2. 炸制工艺

（1）煎炸油的选择。煎炸油与普通烹饪用油的要求有所不同，这类油脂需要在高温长时间加热，因此用于煎炸的油脂首先要求它有好的稳定性，其次才是它的风味和色泽。为了兼顾油脂的稳定性及风味的要求，建议采用稳定性比较好的植物油与风味比较好的动物油脂混合起来使用。煎炸油中常见的动植物油脂的搭配如表 7.13 所示。

表 7.13　煎炸油中常见的动植物油脂的搭配

动植物油脂的搭配	动　物　油	植　物　油
搭配一	50%棕榈油	50%猪板油
搭配二	60%（黄豆油、米糠油、棕榈油）	40%（猪板油、牛油）

因此，在实际工作中，我们可以选用价格较低、稳定性比较好的棕榈油与具有良好的风味猪板油混合使用。

（2）油炸温度及油料量的控制。

① 油炸温度：

油炸时油温度一般控制在150～180℃，原料如果质老、块大、数量多，油温可高些，通常情况下，温度应控制在180℃左右，以减少食品中丙烯酰胺等有害物的产生。

② 油料比：

煎炸油与物料量的比例一般是3∶1时最经济。

③ 煎炸油的管理：

每天生产结束后，应立即对油脂进行过滤去渣、快速降温后密封保存。如果能够每天对油脂进行脱酸、脱色及脱异味处理的话，对油炸食品的色泽、香气、滋味、口感都有好处，同时能够使企业的生产成本降低。

（三）常见变化

油炸类食品常见的变化如表7.14所示。

表7.14　油炸类食品常见的变化

常见变化	变化内容
味型变化	咸鲜味、麻辣味、蒜香味、甜香味等
原辅料变化	面食类、肉食类、果蔬类、海鲜类等

（四）主要设备

真空腌制机、电热炸炉（燃气热炸炉）、煎炸油过滤机、食品保温箱（灯）(图7.25～图7.28)。

图7.25　真空腌制机

图7.26　油水一体型油炸炉

图 7.27 煎炸油过滤机

图 7.28 食品保温箱

（五）快餐化特点

1. 加工环节容易量化

油炸类菜品从原料加工、腌制调味到炸制都很容易量化控制，同时采用真空腌制机、自动油炸炉控制油温及时间，把操作人员个人影响能够降到最低。

2. 制作快速

油炸产品成熟时间短，能够满足快餐制售快捷的要求。

六、快餐企业菜品及套餐实例（图 7.29～图 7.36）

图 7.29 职工快餐

图 7.30 商务套餐

图 7.31 海鲜米饭套餐

图 7.32 蜜汁鸡翅套餐

图 7.33　酱骨架

图 7.34　菜品组合

图 7.35　粉蒸肉套餐

图 7.36　咸烧白套餐

第四节　中式快餐汤、粥的制作

中式快餐汤、粥的制作流程图如图 7.37 所示。

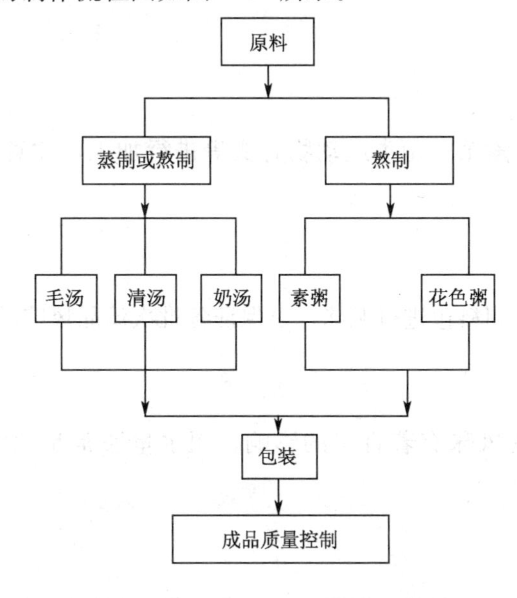

图 7.37　中式快餐汤、粥的制作流程图

一、汤菜类

在中国饮食中，人们常说“无汤不成席。”汤菜不仅营养丰富，易于消化吸收，而且具有养生健体的作用。汤类是中式快餐的一大特色，制作时可以是单盅蒸制，也可以是大锅熬制后再分装。烹饪中的汤一般分为毛汤、奶汤及清汤等三种，其特点如表 7.15所示。

表 7.15　毛汤、奶汤及清汤的特点

汤的种类	主要原料	火候控制	出汤率
毛汤	鸡骨，鸭骨，猪骨，碎肉，猪皮等	冷水煮沸，小火慢煮几小时	原料的 3～5 倍
奶汤	鸡鸭猪骨，猪爪及猪肘等原料	原料用沸水烫过，放冷水旺火煮开，文火熬至汤稠呈乳白色	原料的 1～2 倍
清汤	老母鸡（自然放养的老母鸡），可以配部分瘦猪肉	原料用沸水烫过后放冷水旺火煮开，随后改小火，保持汤面微沸。火候过大会煮成白色奶汤，火候过小鲜香味不浓	原料的 1～2 倍

一般来说，毛汤制作成本较低，因此，在快餐中我们常常选择适于普通烹调的毛汤。

（一）工艺流程

原料清洗⟶切配⟶焯水⟶熬制（蒸制）⟶成品

（二）关键技术

1. 主辅料切配

原料可选择肉类、素菜、菌类或动物骨头等进行加工，注意营养、风味及色泽的搭配。

2. 复合调味

加入已定量的复合调料包进行调味，以保证各批次汤品风味的统一。

3. 原料与水的配比

水量的多少对汤的风味有着直接的影响。用水量通常是煨汤的主要食品重量的3～5倍。

4. 熬制或蒸制

采用熬制或蒸制的加工方式，控制火力、蒸汽量及热加工时间。

（三）常见变化

汤菜类常见的常见变化如表 7.16 所示。

表 7.16 汤菜类常见的常见变化

汤菜类变化	变化内容
味型变化	咸鲜味、酸辣、甜味等
原料变化	全素菜、全荤菜、荤素搭配
加工方法的变化	清汤、奶汤，还可勾芡以增加汤品的口感

（四）主要设备

汤菜类设备主要有夹层锅、蒸箱等。

（五）快餐化特点

1. 汤品调味

主料及水的量确定后，复合调味包的使用很容易实现汤品风味的统一。

2. 熬制（蒸制）

采用夹层锅或蒸箱制作，其蒸汽量、加工时间标准容易掌握。

（六）快餐实例

二、粥类

粥是一种用米煮制的半流质食物。中国人吃粥的历史悠久，自黄帝发明“烹谷为粥”以来，粥便同中国人的日常生活结下了不解之缘。喝粥可以调养脾胃，增进食欲，补充身体需要的养分，是四季皆宜的食品。粥类不仅种类越来越多，而且越来越受到消费者的欢迎。

按照原料的不同，粥品大致可分为大米粥、小米粥、豆类粥、玉米粥、蔬菜粥、肉类粥、药物粥等十大类。

（一）工艺流程

原料清洗→熬制→调味→成品

（二）关键技术

1. 主辅料搭配

为了增加粥的黏稠度，提高粥品的口感，大米与糯米可以按 1∶1 或 1∶2 的比例添加，同时还可以在大米中添加部分粗粮、肉类、素菜、菌类等原料一起熬制。

2. 加工方式

（1）加水量及方法：

① 加水量：大米与水量比例≥1∶10。

② 加水方法：需一次性把水加够，不得分多次加水，否则影响粥品的口感。

（2）大米浸泡时间：

煮粥前应先将米用冷水浸泡半小时左右，这样既节省熬制时间，又能使粥品口感好。

（3）搅拌及火候：

① 搅拌：为了避免粳米粘锅烧煳，需要注意不时搅动。

② 火候：先用大火煮开，再转小火熬煮，煮制粥沸而汤不溢为好。

（4）粥底与辅料。如果是辅料为肉类及海鲜时，应将粥底和辅料分别煮制，最后一起熬煮 10 分钟即可。

3. 复合调味

加入已定量的复合调料包进行调味，以保证各批次粥品风味的统一。

（三）常见变化

由于中国地域广阔，各地饮食风俗千姿百态，粥类的食用方法也丰富多彩。粥品常见的变化如表 7.17 所示。

表 7.17　粥品常见的变化

粥　品	变化内容	实　例
素粥	大米、玉米面、小米、高粱米等单独熬制；也可把几种食材混合在一起熬制	如绿豆粥，南瓜粥、八宝粥、红薯粥等，这类粥品一般呈甜味
咸粥	把一些荤腥、菌类等食材混合在一起熬制、调味	如皮蛋瘦肉粥、猪肝粥、鱼生粥、状元及第粥、艇仔粥等，这类粥品一般呈咸鲜味

（四）主要设备

煮粥类的设备主要有夹层锅、蒸箱等。

（五）粥类快餐化特点

粥类快餐化特点与汤品类似，粥品制作方便简捷，原料搭配丰富多样，熬制工艺、调味工艺容易标准规范。

三、快餐企业汤、粥实例（图 7.38～图 7.41）

图 7.38　猪血汤

图 7.39　八宝粥

图 7.40　桂圆粥

图 7.41　番薯粥

第五节　中式快餐小吃的制作

小吃是一类在口味上具有特定风格特色食品的总称，世界各地都有各种各样的风味小吃，特色鲜明，风味独特。与中式正餐、中式火锅相比，快餐产品组合导入小吃在工艺上是不受限制的，小吃在中式快餐中的贡献有大幅提升，小吃同时能够满足中式快餐方便、快捷及价廉的特点。

小吃在快餐中常常凸显的优势有：小型化、社区化、平民化等特点，它类似西式快餐里的炸薯条、蛋挞、水果派等食品。其加工方式有煎炸、蒸煮、烤制、拌制等。以其独特的口味和实惠的价格，赢得了广大消费者的喜爱。其制作流程如图 7.42 所示：

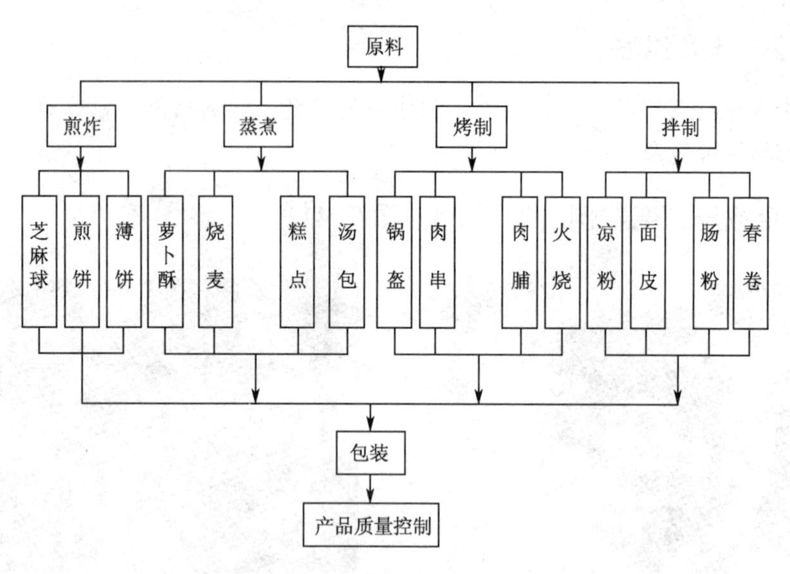

图 7.42 中式快餐小吃制作流程图

目前国内中式快餐已经涌现出像鱼香肉丝包子、萝卜酥、烧麦、芝麻球、开花馒头，卤肉锅盔等快餐小吃产品。

一、煎炸类——芝麻球

（一）工艺流程

糯米粉和大米粉⟶加水揉匀成团⟶包馅⟶包裹芝麻⟶油炸⟶成品

（二）关键技术

1. 面团的准备

面团中糯米粉、大米粉的比例一般为 4∶1，加水量为原料重量的 80%。

2. 馅心的准备

芝麻球一般搭配的是甜馅，有玫瑰馅心、豆沙馅心等。

3. 芝麻的处理

用于包裹的芝麻要求颗粒饱满、无沙等杂质。

4. 油炸工艺

油烧至 70℃时，放入芝麻球，至芝麻球上浮后，再用约 150℃油慢炸至熟，当芝麻

球表面呈微黄色时起锅即成。

（三）常见变化

芝麻球主要变化在于馅心，除传统的玫瑰馅心、豆沙馅心外，根据不同消费群体的需求，还可以有纯黑芝麻馅、水果馅、巧克力馅、奶酪馅等。

（四）主要设备

制作芝麻球的主要设备有和面机、油炸炉等。

（五）快餐化特点

1. 原料搅拌

糯米粉、大米粉及水定量后在搅拌机中拌匀，批量化生产能力强。

2. 油温控制

油炸时采用自动控温、定时油炸炉炸制，能够保证制品品质的稳定性。

3. 半成品生产

在有配餐中心的大型快餐企业，可以提前一天在配餐中心完成芝麻球成品的制作，冷藏后送到各分店备用。

二、蒸煮类——馄饨

馄饨是中国的传统面食小吃，是全国各地比较普遍的面食。馄饨在快餐食品里既可以作为早餐、午餐、晚餐，又可以作为宵夜，人们喜食馄饨，于是出现了许多以馄饨为主打产品的快餐专卖店。

馄饨皮薄馅嫩，味美汤鲜，常见的品种如表 7.18 所示。

表 7.18　馄饨的常见品种分类

分类依据	常见品种
馅料、汤料、吃法、调味等的差异	虾肉馄饨、三鲜馄饨、炸馄饨、炝馄饨等
包法和形状的不同	官帽式、枕包式、伞盖式、抄手式等

（一）工艺流程

面团的调制及制皮、生坯的成型──→馅心制作──→包裹成型──→煮制

（二）关键技术

1. 面团的调制

水与面粉的比例基本上是1∶4。为了增加面皮的韧性及抗煮性，可以添加0.05%的小苏打一起在搅拌机中调制。

2. 馅心的准备

猪肉肥瘦比为3∶7，使用斩拌机加工。

3. 生坯的成型

取馄饨皮一张，将馅料置于面皮正中，对叠成三角形，再将左右两角尖向折叠粘合即成馄饨坯。

4. 煮制工艺

馄饨煮制时一定注意要水宽、火旺，生馄饨入锅后立即轻轻推转，以防粘连焦糊，待水沸后加入少量冷水，煮制皮起皱纹即可。

（三）常见变化

馄饨的制作方法与馅心的调制各地有差异，常见的变化如表7.19所示。

表7.19　馄饨常见的变化

常见变化	变化内容
面皮变化	在面粉中加入适量的鸡蛋、玉米粉、大豆蛋白粉等，增加营养及风味
汤的变化	原汤、红油、清汤、海味、鸡汤、酸辣等味型
馅心变化	叉烧肉、腊肉、牛肉、羊肉、虾肉、菜肉、蟹黄、菌类及蔬菜等

（四）主要设备

制作馄饨的主要设备有和面机、压面机、斩拌机、蒸煮锅等。

（五）快餐化特点

1. 制作标准

面皮、馅心均可在配餐中心按标准提前准备，在门店只进行包裹成型操作，煮制时间短，产品质量容易控制。

2. 冷链配送

在有中央厨房的企业，可以在中央厨房包裹成型后，用冷藏车分送到各连锁分店，存放于冷藏柜中备用。

三、烤制类——锅盔

锅盔，又称为锅魁、干馍，一种烤制的面食，被中国老百姓称为“中式汉堡”，因其方便快捷，美味干净，吃法多样，深得消费者的青睐，目前已有锅盔快餐连锁店出现。

1. 工艺流程

面团的调制→发酵→分割→成型→烙制→烤制成熟→夹料→成品

2. 关键技术

锅盔有很多种类，白面锅盔是最简单的品种，它是将没有任何调味的面饼烘烤而成的。产品特点是外酥内软，有面粉特有的香甜回味。这里以白面锅盔的生产为例。

(1) 面团的调制：面粉、水及辅料按比例在搅拌机中调制面团。

(2) 烙制工艺：先把饼在平底锅中烙制，至周围呈菊花形的毛边即可。

(3) 烤制工艺：在烤箱或在烤饼机中烤制。

3. 常见变化

锅盔的品种较多，做锅盔过程中，面皮和夹料的主要变化如表 7.20 所示。

表 7.20　锅盔的主要变化

主要变化	变化内容	实　例
面皮变化	添加鲜猪肉、猪油、鸡蛋和五香粉等，使酥层更加均匀，风味更加突出	酥肉锅盔等
夹料的变化	拌菜、卤菜、炒菜、蒸菜等均可	凉拌三丝、卤肉、粉蒸肉等

4. 主要设备

制作锅盔的设备主要有和面机、压面机、斩拌机、烤箱、烤饼机等。

5. 快餐化特点

(1) 锅盔从面团的调制、成型、烤制等工艺流程均可实现标准化操作及批量化生产。

(2) 半成品生产：锅盔可在配餐中心按标准提前做好，在门店只进行二次加热即可出售。

四、拌制类——麻辣牛肉

拌制类小吃的特点是清爽滑嫩，滋味浓厚，是受消费者喜欢的一类菜品。按菜品的原料又可分为生拌、熟拌两种。生拌是以鲜嫩的蔬果为主料，经刀工、调味而成。熟拌是先将原料断生，经刀工和调味而成，下面以麻辣牛肉为例进行阐述。

1. 工艺流程

牛肉——►切配——►卤制——►成型——►加入复合调料——►拌制——►成品

2. 关键技术

1）牛肉的选择

选取黄牛腿肉，除去筋腱及浮皮。

2）牛肉的初加工

加工成约500克重的条块，码味腌制。在5℃的冷藏条件下腌制12小时后焯水备用。

3）牛肉的卤制

原料按一定量投入已配制好的卤水中卤制，卤汁应淹没原料，旺火烧开除去浮沫，加盖小火焖煮至成熟。

4）拌料的调味

调味是拌菜的关键，也是形成菜肴鲜美味道的主要程序。把卤制好的牛肉切片称量后加入已调制好的复合调味料拌匀即可。

5）菜品卫生

生拌鲜果品、蔬菜时，首先要用清水洗净，然后在沸水中快速焯水，防止病毒和残留农药中毒；熟拌的肉类、果蔬等原料，也须在净水中反复清洗，在沸水里氽透或煮熟，或在油锅里炸熟后备用。

3. 常见变化

根据拌菜原料及风味特点的不同，常见的变化如表7.21所示。

表7.21　拌菜常见的变化

常见变化	变化内容
原料变化	蔬菜类、水果类、肉类原料既可单独成菜，也可以混合使用
调味变化	蒜泥、姜汁、怪味、咸鲜味、酸辣味、麻辣味、麻酱味、糖醋味等味型
加工方式	可以直接拌制，采也可以先煮（卤）后拌

4. 主要设备

做拌制类小吃要用到的设备主要有蒸煮锅、净水器等。

5. 快餐化特点

拌制类小吃虽然品种丰富，风味各异，但比较容易实现标准化制作，配合复合调味包的使用，拌菜类产品的差异化小，现场制作快捷，生产效率高。

五、快餐企业实物图片（图 7.43～图 7.52）

图 7.43　凉拌牛肉

图 7.44　凉拌西兰花

图 7.45　锅贴

图 7.46　红薯饼

图 7.47　清香蛋饼

图 7.48　生煎包

图 7.49　汤包

图 7.50　葱油酥饼

图 7.51　凉瓜面

图 7.52　绿豆面

传统食品的快餐化要求是把复杂的传统烹饪程序化、数据化，操作店铺厨房尽量减少前期加工，使用成品或者半成品，提供加工制作说明、制作注意事项、成品图片；操作者只需进行简单地培训就可进行快餐的制作。满足快餐产品的同质化及制售快捷的特点。

现代快餐制作技术要求从原材料开始，对整个加工、运输、储藏、二次加工等所有生产流程按照标准进行操作，以满足快餐制售快捷的特点。

现代快餐生产的产品主要表现在以下两方面：一是直接的快餐食品，其所形成的产业是快餐业；一是半成品或成品的标准化产品，实现的目的是烹饪的社会化。

（1）举例说明现代快餐产品制作的关键技术。

(2) 快餐产品批量制作时对机械设备的要求。

(3) 现代快餐生产的产品主要表现在哪两方面?

(4) 按照快餐的要求，设计一套学生快餐（大学生、中学生、小学生任选一种）。

深圳面点王工艺标准精细化

面点王的产品不但实现了标准化，而且非常精细。如有些产品，原料配方盐、味精、糖、香油、酱油、醋等都有明确的重量，精细到1克以内。有的产品需要过水，过水的时间精确到1秒。

再如，一个产品的工艺流程有选摘、清洗、切配、过水、投凉、拌制、装盘等六个环节，每个环节都清晰注明严格的制作方法和质控点。如在切配环节，一项原料的标准规定：斜刀逆丝切长7厘米，宽0.15厘米，厚0.1厘米。

有一项产品需要在分店中调配，制作标准规定如下：每天开市前当班主管必须检查卤水。每天开市前先调配卤水，把中心配送的卤水分次加入卤锅之中再烧开，调配成酱红色，黏稠适度，无异味，卤香味较浓。

另外对卤水加热、加热锅等都有具体要求。卤水加热过程的质控点也列十项标准。例如，每天清洗几次卤锅，用特殊用具过滤保证卤水中无沉渣；随时清理卤油，收市后彻底清除卤油，烧开保存；黏稠时，及时加新卤水调整。下锅数量、加热时间、火量大小、加热锅大小、色泽控制、加入卤水的要求等都有具体的标准要求。还特别注意的是：

添加的卤料；每锅水量及锅的要求、加水程度；高压炉时间适当缩短；根据火力大小、原料老嫩，适当调整汆水时间；结合汆水的程度，确定终点起锅时间；过水前浸泡时间、中途换水次数、浸泡要求等。

和合谷快餐企业菜品加工设备

和合谷快餐企业两个重要的菜品加工区：

1. 切制组区

切制组区配置了德国进口的切丝切丁机、日本产的切片机，使得加工速度、质量都

得到了提高，更重要地是通过机器的创新和调整能够生产出不同规格的产品，实现了一机多样生产的目的，成为和合谷产品的多样花和大批量生产的有力保证（图 7.53、图 7.54）。

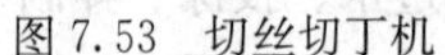

图 7.53　切丝切丁机

图 7.54　切片机

2. 熟加工区

熟加工区主要负责各种流汁、酱料的熬制，各种粥类、汤类的煮制等需要进行由生变熟的工作，主要加工产品有：汁、酱、汤、粥类产品的加工，设备选用了带搅拌、可倾斜功能的不锈钢全自动炒锅。该种炒锅比传统铁锅在制作产品上的优点是：能够方便地进行温度控制；产品不易碎、不易煳锅；釜体采用食品级不锈钢材料制成，加工产品状态、颜色更为稳定；能够一次性进行大批量生产，减少了人力、提高了生产效率、节省了能源。

传统食品快餐化例子——焖面

中国是烹饪大国，菜肴品种丰富多彩。能够实现快餐化的传统食品不少。下面以传统食品——焖面的快餐化进行详细说明。在我国许多地区尤其是在北方地区，流行着一款经久不衰的大众化面食——焖面。焖面色泽红润油亮，口感柔韧鲜香，配料可荤可素，而且用料普通，制法简单，所以极受当地人的喜爱，一年四季在餐桌上都能见到它的身影。

1. 产品开发需求

焖面是北方面食的一种，因其面菜合一，荤素搭配，制作简单快捷适合家里人多时

食用。但传统焖面条类产品的生产与快餐产品的特点相冲突，传统焖面的特点是操作技术难度大，经验性强，且适宜热食，不方便携带和进行外卖；用传统方法焖制容易糊锅、面条夹生，甚至变成一坨面。针对传统焖面显现的缺点，需要寻找新的加工方法，这个新的加工方法就是焖面的快餐化。

2. 产品快餐化的可行性分析

1）制售快捷

面条的加工和配送，均可由面条机及多功能蒸烤箱等食品加工设备完成，并由中央厨房配送至分店。成品品质保存时间长达45分钟可以进行成品备售，即点即取。

2）食用便利

此种方法制作的焖面几乎无汤，可以用快餐盒盛装，便于携带，外卖。

3）质量标准

原料及辅料质量稳定，配方统一，由中央厨房统一加工成半成品，分店厨房由单元操作来控制以达到品质的统一。

4）营养均衡

主副食搭配，荤素搭配，也可以根据需求搭配合适的饮料汤汁或粥类。

5）服务简便

分店厨房成品可存放在保温箱备售，只需从橱窗到顾客一个服务环节即可完成。

6）价格低廉

根据主配料的不同，价格在几元到十几元之内，适合大众化消费。

3. 焖面快餐化标准化操作的工艺流程

1）配送中心配送标准（每份）

主料：面条1000克（500克面粉、240克水）。

辅料：四季豆700克、猪瘦肉丝300克、葱花50克、姜10克。

调味料：精盐25克、酱油75毫升，兑好分量包装。

2）分店厨房工艺流程

（1）辅料的炒制。

炒锅上火→三成油温→入肉丝炒散籽发白→入姜丝炒香→加四季豆翻炒均匀出锅→备用。

（2）焖面的蒸制（按一份制作）。

炒好的辅料按份入蒸碗→加高汤25克→加调味包拌匀→面条装碗→将碗放入蒸烤箱→130℃加热20分钟取出→备售。

多功能蒸烤箱、130℃、150克面条、20分钟、高汤25克。

3）焖面的销售流程

顾客点单→从保温箱中取出→销售（45 分钟之内送到，品质影响不大）

4. 传统焖面的创新

1）原料的创新

面粉可改为莜麦面或蔬菜面；四季豆可换为土豆、甘薯、萝卜等耐长时间加热的蔬菜；肉类可变为牛肉、鸡肉等其他原料。

2）烹法创新

(1) 面条先蒸制蒸熟，同时炒锅将辅料炒好，两者拌匀即可备售。

(2) 面条先煮至六成熟，再捞出来控干水分与五成熟的辅料一起焖两三分钟就可以出锅备售了。

(3) 先将面条蒸熟保存，另将荤素原料分别熟制好，顾客点餐后及时将三者拌匀。这样还有利于控制成本。

第八章 西式快餐产品的制作

掌握西式快餐主餐、配餐、饮料等产品的制作原理及方法；熟悉西式快餐产品生产中实现快餐化的过程及措施。

中国百胜餐饮集团有一支专门的团队负责旗下所有品牌产品研发。产品研发实验在百胜专门的“实验厨房”里进行，秘密实验期间需要针对消费者进行广泛的调查，对产品种类、口味、制作方法、厨房和餐厅设计、服务方式等方面进行深入地研究和改善。

百胜旗下的中式快餐品牌“东方既白”在做产品开发时，其产品研发团队会针对每一个产品，首先研究如何好吃并符合大众口味，再将制作步骤标准化，规定每种原材料用怎样的烹调方式，需要确定产品的分量、烹饪的温度、时间等参数，然后进行产品的组合的搭配等实验。

（1）掌握西式快餐产品的分类方法。

（2）掌握主餐类产品的基本制作技术。

（3）熟悉配餐、饮料的生产制作方法。

（4）了解西式快餐企业实现产品快餐化的过程及措施。

第一节 概 述

一、西式快餐产品的分类

西式快餐，特别是现代西式快餐，为了保证制作、销售的快捷和生产的标准化，产品的品种施行了少而精的原则。西式快餐的产品一般在10多种左右，常见西式快餐的三种类型如表 8.1 所示。

表 8.1 西式快餐产品分类

分 类	代表食品
主餐类	炸鸡、汉堡包、比萨饼等
配餐类	薯条、沙拉、派、蛋挞等
饮料	汽水、橙汁、冰淇淋、奶昔、牛奶、咖啡、红茶、热巧克力等

西式快餐产品的另一个特点是“一物多做”。例如，以鸡肉为原料可以做成多种风味的炸鸡和炸鸡汉堡包；用一种面包坯和比萨饼皮可以做成各种馅料的汉堡包和比萨饼等。常见的炸鸡及炸鸡汉堡包如图 8.1 和图 8.2 所示。

图 8.1 炸鸡

图 8.2 炸鸡汉堡包

此外，西式快餐的产品的销售由采取零点（单个产品）和套餐的方式，特别是套餐一般选取主餐、配餐和饮料中的食品进行组配而成。

二、西式快餐生产的操作规程

现代西式快餐按工业化、标准化的方式生产快餐产品，其生产过程必须针对每一种产品建立相应的操作规程与质量标准，才能体现工业生产的规律与特点。其生产操作规程主要涉及作业程序、操作要求、工艺条件三方面。

（一）作业程序

连锁快餐企业可以按现代工业企业的生产方式将其生产过程划分为若干个操作单元，并形成一定的生产作业流水线。为了缩短店面食品提供的时间，西式快餐企业将食品制作过程进行流程重组，将许多食品预处理的环节都放在机械化大工厂生产上（可以通过外包生产及冷藏库周转来完成），在店面内只进行迅速成熟的操作环节，这就保证了服务的高效性。

快餐店厨房中产品的一般生产工艺流程如下：

原料──→预处理──→熟制──→成品包装

每一种快餐产品，无论是中心加工厂的生产，还是快餐店厨房的制作，在确定生产工序的基础上都编制了相应的工艺流程以保证产品质量的稳定。

（二）操作要求

操作要求是指生产作业流程中每一步工序中具体的操作步骤及注意事项，包括设备的操作规范、食品的制备标准。如炸鸡生产过程中，原料的重量已经确定后，其腌制工序中的重要操作要求如下：

1. 配制腌渍液

向量杯中加入 1 包已定量的腌制粉及对应量的过滤水，用搅拌器搅匀。

2. 准备好腌制滚筒

打开滚筒盖子，加入配好的腌制液。

3. 放入鸡块

从冷藏库中取出所需用量的鸡翅或鸡腿，打开袋子，倒入滚筒中。

4. 抽真空

盖好真空滚筒的盖子，把真空管接到滚筒的阀门处，打开真空泵开关，达到所要求的真空度后，关闭真空泵，取下真空管。按下定时开关，开始滚动。

5. 取出鸡块

过程结束后，蜂鸣器会自动响起。停止滚动，打开阀门，取下盖子，将鸡块取出放入盆中。标注好腌制时间和保存期限后，将腌好的鸡块放入冷藏库存放。

（三）工艺条件

工艺条件是指在某一工序的操作中，根据产品质量的要求所需要采用的条件。食品制备中工艺条件多是指加热温度、时间的长短，也有对压力、浓度等的要求。快餐食品制备中工艺条件的设置不能只是凭经验，而是以定量控制的方式来保证产品达到最佳品质及质量的稳定。

现代西式快餐企业对食品加工设备进行了定量化改革，设备由电脑程序完成温度控制、时间控制等过程，设备操作简单化，操作人员只需设定操作条件，快餐食品加工好后会自动通过声控、灯控等设备提醒操作人员，将食品取出。

三、西式快餐的调味技术

西式快餐产品的风味虽不如传统餐饮产品那样丰富和精细，但其风味仍然应该是有特色的。由于西式快餐采用工业化、标准化的生产方式，因此在产品生产的调味技术方面与传统餐饮亦有所不同。

（一）西式快餐的调味特点

1. 简捷调味

简捷调味包括调味配料与调味方式的简化，以适应现代快餐制作与供餐服务的快捷，西式快餐调味时常采用方便调料包一次性调味方法。

2. 定量调味

定量调味即调味的标准化，可避免操作者因个人因素的原因而产生误差，以确保产品具有统一、稳定的香气和滋味。定量调味主要体现在以下两方面。

1）准确计量

需要配制的调味汁或调料包应具有固定的调料、原料和配比，投料时应准确计量。

2）比例恰当

配制好的调料和被调味的产品应有一定的比例，调味时按此比例均匀混合。

（二）西式快餐的调味原理和技术

1. 原料的基础调味

原料的基础调味推荐采用腌渍液腌制的方法，即将原料放入有调料的腌渍液中，浸泡一定时间后，通过调味成分的渗透，让原料获得调料所赋予的滋味。由于腌渍液调味能使原料处于一个统一而均匀的环境中，所以比干粉码味更能达到调味的标准化。腌渍调味应控制的工艺条件有：

（1）腌渍液中盐的浓度（质量/体积）。

（2）腌渍液中其他调料的浓度（质量/体积）。

（3）腌渍液的温度。长时间腌渍通常在低温下进行。

（4）腌渍时间。

（5）被腌渍原料的量（质量/体积）。

上述工艺条件亦是影响原料腌渍效果的主要因素。各因素之间亦有一定联系的，如腌渍时间与原料量、腌渍液的食盐和调料浓度等因素有关。盐浓度越大，调料越多，腌渍时间应缩短；而原料越多，腌渍时间应延长。腌渍的工艺条件可通过试验确定，使原料的腌渍在风味上达到一个最佳效果。

采用码味基础调味，仍需通过实验确定盐（或调料）的量、原料混合的次数（人工混合）或时间（腌渍机混合）以及码味后的放置时间及温度。

2. 产品加工中的调味

产品加工中的调味可采用调料包调味或预先定量兑制的调味汁调味。

调料包为袋装化的复合调料包，由产品风味所需的各种调料混合配制，再经包装机灌封而成。调料包可由中央厨房或加工厂集中制作生产。

调料包在产品加工中的应用，可使调味简便、快捷，并使产品的调味更好地达到定量化和标准化，体现现代快餐调味的特色。调料包在快餐制作中使用很广泛，既适用于半成品生产和热菜加工，也适用于凉菜的制作。

3. 成菜后的调味

现代快餐成菜后的调味也可采用调料包调味的方式，对需要补充调味的产品，在向顾客供餐时配以相应的方便调料小包，常见的有调味酱、调味汁或调味粉包等，可由顾客自主调味。

第二节　主餐类产品制作

一、炸鸡

炸鸡是以鸡肉为原料（可以是新鲜鸡块，也可以用已经调味成形的半成品鸡块）制作的一类西式快餐主餐产品。快餐店一般采用流水线、批量化的制作。下面以常见的脆皮炸鸡的生产制作为例来介绍其制作特点。

（一）工艺流程

原料鸡块⟶预处理（解冻、清洗）⟶真空腌制⟶裹粉⟶油炸⟶成品炸鸡（包装）

（二）操作步骤及工艺要点

1. 解冻

将冷冻的原料鸡块于冷藏柜中（温度0～4℃），解冻约24小时。

2. 腌制

将解冻后的鸡块后放入真空腌制机，倒入配制好的腌渍液，腌制25分钟后取出置于冷藏柜中保存约24小时。

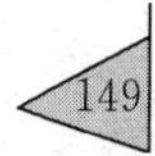

3. 裹粉

(1) 将原料（约 20 块）混入调好的裹粉内（面粉：生粉：香辣炸鸡粉＝2：1：1），双手用力翻滚揉压鸡块三次以上，使鸡块表面粘上裹粉。

(2) 筛掉多余的裹粉后，将鸡块装入浸篮中，放在清水中浸泡约 5 秒左右，沥干水后抖动鸡块数次，使其表面形成裹粉糊。

(3) 再次将鸡块放入干粉中重复上述裹粉压揉方法，至鸡块表面完全均匀粘上裹粉，并形成鳞片即可。

4. 油炸

将裹粉好的鸡块转入炸篮中，放入炸炉中炸制，油炸条件是：油温 165～180℃，时间 4～6min，将炸好的鸡块滴油 5 秒钟即成。

5. 成品保存

成品表面色泽金黄，有裹粉鳞片出现，成熟度可用温度计测量其中心温度达到 75℃即可。成品可用保温柜保存，温度为 70～78℃，时间为 30 分钟。

(三) 主要设备

连锁快餐店炸鸡生产用到的设备主要有冷藏柜、真空腌制机、裹粉槽、电炸炉、保温柜等。常见的炸鸡裹粉装置、电炸炉如图 8.3 和图 8.4 所示。

图 8.3　炸鸡裹粉装置

图 8.4　电炸炉

(四) 制作实例

炸鸡制作实例来自于单店制作快餐，主要提供参考配方与制法。

1. 美式辣味炸鸡

(1) 美式辣味炸鸡原料配方如表 8.2 所示。

表 8.2 美式辣味炸鸡原料配方

原　料	实际用量
鸡翅	5只
面粉	200g
淀粉	200g
泡打粉	5g
辣味腌料粉（辣椒粉、白胡椒粉、姜粉、蒜粉、百里香、盐等）	50g

（2）操作步骤：

① 将鸡翅用辣味腌料粉及水拌匀，腌渍后待用。

② 将面粉、淀粉、泡打粉按比例配制成裹粉。

③ 采用炸鸡裹粉的方式进行裹粉后，油炸成熟。

④ 可将炸好的鸡块放入保温柜中储存，需要时包装即可。

2. 柠檬炸鸡

（1）柠檬炸鸡原料配方如表 8.3 所示。

表 8.3 柠檬炸鸡原料配方

原　料	实际用量
鸡翅	10只
面粉	200g
淀粉	200g
泡打粉	5g
柠檬腌渍液（柠檬汁、盐、糖、白胡椒粉、水等）	100g

（2）操作步骤：

① 将鸡翅用柠檬腌渍液拌匀，腌渍待用。

② 将面粉、淀粉、泡打粉配制成裹粉。

③ 采用炸鸡裹粉的方式进行裹粉后，油炸成熟。

④ 可将炸好的鸡块放入保温柜储存，需要时包装即可。

（五）快餐化要求

1. 原料鸡肉的要求

经卫生检查合格的肉鸡，在中心加工厂完成腿、翅、胸等部位分割成块，包装后经速冻，储存期为三个月。

2. 鸡块的解冻

原料鸡块的储存、解冻需要一定面积的冷冻、冷藏间。

3. 腌渍粉、裹粉的配制

腌渍粉、裹粉由工厂统一加工、配送，制订相应的配比，操作人员使用简便。

4. 煎炸油的处理

因煎炸油的反复使用需要采用过滤设备对油进行处理。

（六）产品图片（图 8.5 和图 8.6）

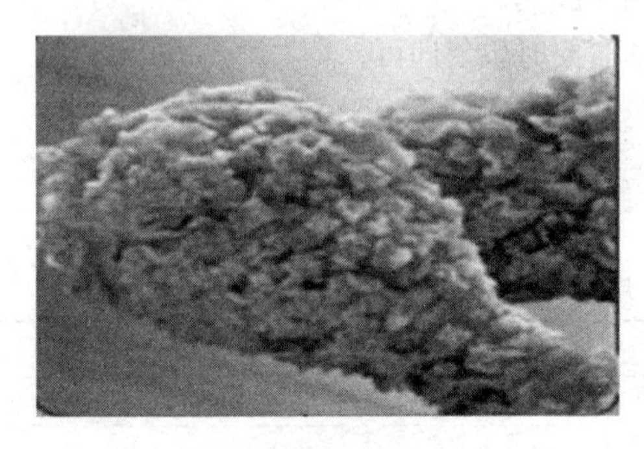

图 8.5　炸鸡翅

图 8.6　炸鸡块

二、汉堡包的制作

汉堡包是著名的西式快餐食品，是快餐巨头麦当劳的当家产品。汉堡包一般是由在两片面包之间夹入肉类、蔬菜、调味酱等馅料而制成。美国人对汉堡包情有独钟，根据统计，在美国一年就要售出 50 多亿个汉堡包。

（一）工艺流程（图 8.7）

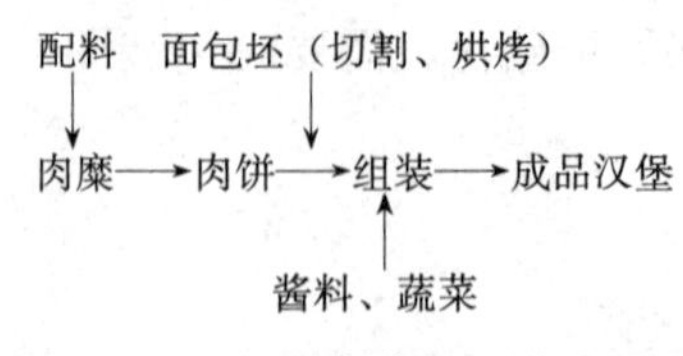

图 8.7　汉堡包制作的工艺流程图

（二）操作步骤及工艺要点

1. 汉堡面包坯制作

面包坯是馅料的载体。面包坯通常使用普通软面包，也可使用丹麦包、炸包、全麦面包、法式面包等。

快餐店一般使用工厂标准化生产的成品面包坯，不同品种的汉堡面包坯规格固定。

（1）汉堡面包原料配方见表 8.4 所示。

表 8.4 汉堡面包原料配方

原　　料	百分比/%	实际用量/g
高筋粉	100	5000
糖	10	500
油脂	8	400
蛋	6	300
奶粉	3	150
酵母	1.5	75
改良剂	0.5	25
盐	1	50
水	50	2500

（2）制作要点：采用直接发酵法（一次发酵）。

① 调制面团：按配方所列原料准确称量，将所有干料倒入搅拌缸慢速搅拌几分钟后，加入水、鸡蛋搅拌成团后，再加入油脂搅拌均匀；转入高速搅拌至面团光滑并有良好的弹性和韧性即可，面团温度为 28℃左右。

② 分割整形：面团放置松弛 20 分钟后，进行分割，质量为 60 克/个，并搓圆成型后在表面沾蛋液并裹上白芝麻即可。

③ 饧发：在温度 38℃，相对湿度 85%的醒发箱，饧发约 90 分钟左右。

④ 烘烤：烤箱上火温度为 200℃，下火 180℃，时间 12～15 分钟。

2. 肉饼制作

汉堡肉饼的种类有煎牛肉饼、煎猪肉饼、炸鸡肉饼、炸鱼肉饼等。将绞碎的肉糜与洋葱、鸡蛋等配料混匀，并搅打上劲，然后用模具压成直径 10 厘米、厚度 1 厘米的肉饼，每个汉堡肉饼约 100 克。也可用专门的汉堡肉饼成型机成型，并可速冻储存备用。

3. 其他配料

表 8.5 汉堡包其他配料

配　料	品　种
蔬菜	西生菜、卷心菜、番茄、黄瓜、胡萝卜、洋葱
调味酱	沙拉酱、番茄酱、芥末酱、辣味酱
其他馅料	奶酪、(脱水) 洋葱、酸黄瓜

4. 汉堡的组装

(1) 将面包坯切开，用面包烘包机加热备用。

(2) 将肉类馅料煎 (炸) 成熟。

(3) 在加热好的面包截面上加上酱料，放上蔬菜馅料、肉类馅料，合上面包片，包装后即成。

(三) 主要设备

汉堡生产用到的设备主要有和面机、烤箱、面包烘包机、绞肉机、肉饼煎炉等。连锁快餐店常见的面包烘包机、肉饼煎炉如图 8.8 和图 8.9 所示。

图 8.8　面包烘包机

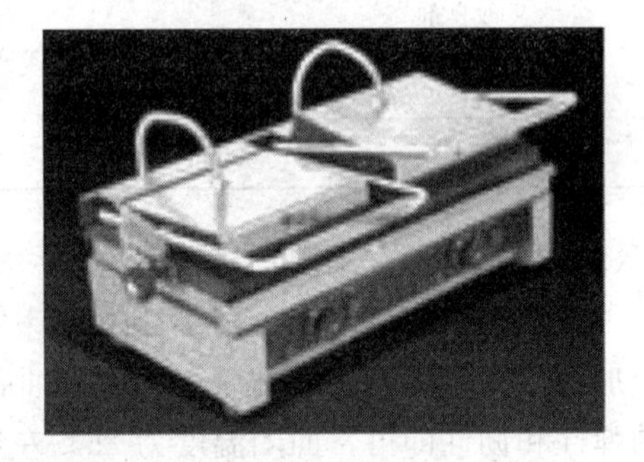

图 8.9　肉饼煎炉

(四) 制作实例

汉堡包制作实例来自于单店制作快餐，这里主要提供参考配方与制法。

1. 牛肉饼汉堡包

(1) 牛肉饼汉堡包原料配方 (按十份计算) 如表 8.6 所示。

表 8.6　牛肉饼汉堡包原料配方

原　　料	实际用量	原　　料	实际用量/g
芝麻圆面包	10 个	鸡蛋	250
番茄酱	100g	洋葱碎	50
芥末酱	15g	淀粉	150
腌黄瓜	20 片	盐	10
牛肉糜	500g	胡椒粉	10

(2) 操作步骤：

① 将碎牛肉与鸡蛋、洋葱碎、淀粉、盐、胡椒粉混合拌匀，压成直径与面包一致、重量约 100g 的圆肉饼，煎制成熟。

② 将圆面包从中间切开成两半，用面包烘包机加热后，在面包盖上依次加上番茄酱、芥末酱、腌黄瓜、洋葱碎，熟肉饼。

③ 盖上面包底，包装即可。

2. 海鲜汉堡包

(1) 海鲜汉堡包原料配方（按 10 份计算）见表 8.7 所示。

表 8.7　海鲜汉堡包原料配方

原　　料	实 际 用 量	原　　料	实际用量/g
芝麻圆面包	10 个	虾仁	500
沙拉酱	150g	火腿粒	300
生菜叶	300g	—	—

(2) 操作步骤：

① 将虾仁煎炒至熟（可加调味料），再与火腿粒混合，待用。

② 将丹麦包切成两片，用面包烘包机加热后，在一片上加上沙拉酱，再放上生菜叶及熟虾仁、火腿粒。

③ 将另一片面包合上，包装即成。

（五）快餐化要求

1. 面包标准

目前西式快餐店的汉堡面包由中心加工厂生产，产品实现了标准化。面包标准有：直径、切割高度、整体高度、形状、重量等。面包的储存期限为常温下五天。

2. 汉堡肉饼标准

汉堡肉饼亦由中心加工厂生产，产品实现了标准化。标准包括肉饼直径、厚度、重量、脂肪含量等。冷冻肉饼储存期限达到 90 天。

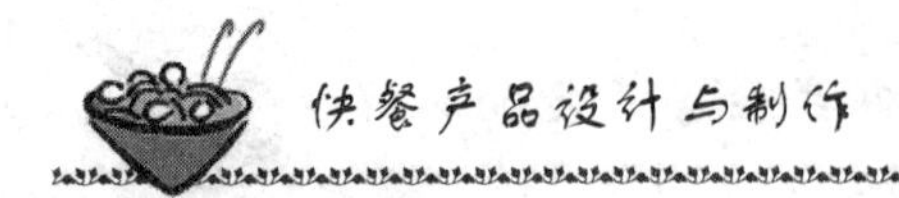

3. 调味酱

汉堡调味酱由中心加工厂生产，一般由统一的配方制成筒状，使用时用酱料分配器均匀分配。

4. 其他配料

一般都由中心加工厂生产，如生菜按清洗、杀菌、切割、包装等程序加工完成。多数原料的储存采用冷冻、冷藏的方式，有严格的期限标准。

（六）产品图片（图 8.10 和图 8.11）

图 8.10　牛肉饼汉堡包

图 8.11　鸡肉饼汉堡包

三、比萨的制作

比萨是著名的意大利美食，是一种经饼皮发酵在面皮上铺撒比萨酱汁、馅料和奶酪一起烘烤而成的饼。比萨可做正餐或点心，营养均衡、口味丰富，制作方法简单易学，而今已成为风靡全球的快餐美食。

区分一种比萨饼是否正宗主要是看其饼底是如何成型的，目前行业内公认的区分标准是，意式比萨饼必然是手抛比萨饼，饼底是由手抛成型，不需要机械加工；如果是美式比萨饼那必然是铁盘比萨饼，饼底是由机械加工成型，成品饼底呈正圆形，饼底平整，“翻边”均匀。

（一）工艺流程（图 8.12）

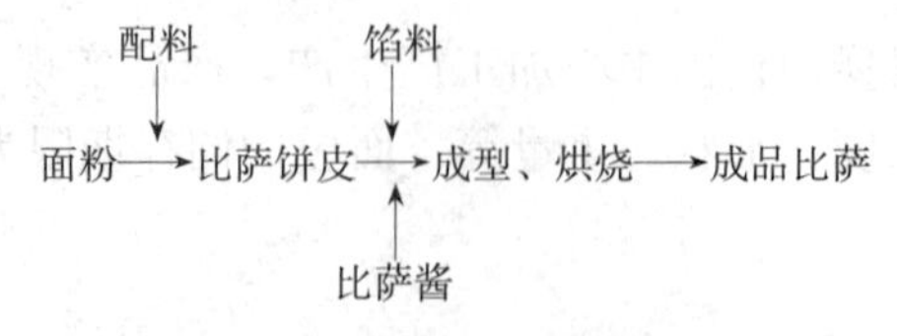

图 8.12　比萨的制作工艺流程图

（二）操作步骤及工艺要点

1. 比萨饼皮的制作

（1）比萨饼皮原料配方如表 8.8 所示。

表 8.8　比萨饼皮原料配方

原　　料	实际用量/g	原　　料	实际用量/g
高筋面粉	3000	水	1300
干酵母	45	黄油	400
盐	30	鸡蛋	300
糖	150	—	—

（2）操作步骤：

① 称量好面粉、糖、盐、酵母等干性原料放入搅拌缸中慢速搅拌均匀。

② 加入鸡蛋、水搅拌成面团，再加入已融化的黄油，中速搅拌至面团光滑有弹性即可。

③ 面团放在面板松弛 15 分钟后，分割成 150～200g 的块，然后滚圆备用。

④ 擀成圆形饼，铺在比萨烤盘上，即可进行抹酱、铺放馅料、焙烤等工序。

⑤ 厚形饼皮可在成形后醒发 20～30 分钟。

⑥ 整理好形状，边缘要厚一些，用叉子在饼皮上扎孔，以免烤时鼓起影响外观。

2. 比萨番茄酱的制作

（1）比萨番茄酱原料配方如表 8.9 所示。

表 8.9　比萨番茄酱原料配方

原　　料	实际数量/g	原　　料	实际数量/g
番茄	500	盐	5
罐头番茄酱	100	糖	10
洋葱	50	黑胡椒粉	5
大蒜	20	比萨草叶	5
黄油	30	罗勒粉	5

（2）操作步骤：

① 将番茄去皮后剁成泥，洋葱和大蒜剁碎。

② 将少司锅烧热，加入黄油，放入洋葱、蒜末炒香。

③ 加入番茄泥熬煮至浓稠，再加入罐头番茄酱，以及适量盐、糖、黑胡椒粉、阿

里根奴粉、罗勒粉调味即成。

（三）主要设备

生产比萨的主要设备有和面机（图 8.13）、比萨烤箱（图 8.14）等。

图 8.13　和面机

图 8.14　比萨烤箱

（四）制作实例

比萨制作实例来自于单店小制作快餐，这里主要提供参考配方与制法。

1. 意大利火腿比萨

（1）意大利火腿比萨原料配方见表 8.10 所示。

表 8.10　意大利火腿比萨原料配方

原　料	实际用量/g	原　料	实际用量/g
比萨面团	200	绿橄榄	20
比萨番茄酱	40	洋葱	30
意大利火腿	50	马苏里拉奶酪	100
蘑菇	20		

（2）操作步骤：

① 将意大利火腿、洋葱、奶酪切成丝，蘑菇、绿橄榄切成片备用。

② 饼皮整理好形状，边缘要求略厚，用叉子在饼皮上面均匀扎孔，抹上比萨番茄酱，边缘部分不涂。

③ 均匀放上火腿丝、洋葱丝、蘑菇片、绿橄榄片，最后撒上奶酪丝。

④ 放入面火 250℃、底火 210℃的烤箱中烤制，烘烤约 15 分钟至饼皮呈金黄色即成。

2. 海鲜比萨

（1）海鲜比萨原料配方见表 8.11 所示。

表 8.11　海鲜比萨原料配方

原　　料	实际用量/g	原　　料	实际用量/g
比萨面团	200	沙丁鱼	30
比萨番茄酱	40	马苏里拉奶酪	100
虾仁	30	—	—

（2）操作步骤：

① 将虾仁、沙丁鱼洗净，切成片，用盐、香料腌渍备用。

② 饼皮整理好形状，边缘要求略厚，用叉子在饼皮上面均匀扎孔，抹上比萨番茄酱，边缘部分不涂。

③ 放上处理好的海鲜馅料，撒上奶酪丝。

④ 放入面火 250℃、底火 210℃的烤箱，烘烤约 15 分钟至饼皮呈金黄色即成。

3. 什锦水果比萨

（1）什锦水果比萨原料配方见表 8.12 所示。

表 8.12　什锦水果比萨原料配方

原　　料	实际用量/g	原　　料	实际用量/g
比萨面团	200	黄桃	30
比萨番茄酱	40	葡萄干	20
菠萝	30	马苏里拉奶酪	100

（2）操作步骤：

① 菠萝、黄桃切丁，拌上葡萄干备用。

② 饼皮整理好形状，边缘要求略厚，用叉子在饼皮上面均匀扎孔，抹上比萨番茄酱，边缘部分不涂。

③ 放上切好的水果馅料，撒上奶酪丁。

④ 放入面火为 210℃、底火为 190℃的烤箱，烘烤约 15 分钟至饼皮呈金黄色即成。

4. 美式烤鸡比萨

（1）美式烤鸡比萨原料配方如表 8.13 所示。

表 8.13　美式烤鸡比萨原料配方

原　　料	用　　量	原　　料	用　　量
比萨面团	200g	青椒	20g
比萨番茄酱	40g	红椒	20g
烤鸡胸肉	100g	马苏里拉奶酪	100g
洋葱	30g		

(2) 制作步骤：

① 烤鸡胸肉、洋葱、青椒、红椒、奶酪切丝备用。

② 饼皮整理好形状，边缘要求略厚，用叉子在饼皮上面均匀扎孔，抹上比萨番茄酱，边缘部分不涂。

③ 将一半奶酪丝放在饼皮上，再均匀放上撒上烤鸡胸肉丝、洋葱丝、青椒丝、红椒丝，最后撒上另一半奶酪丝。

④ 放入面火 250℃、底火 210℃的烤箱，烘烤约 15 分钟至饼皮呈金黄色即成。

(五) 快餐化要求

1. 比萨饼皮

比萨饼皮可由中心加工厂统一生产、配送，也可采用分店现场制作的方式，饼皮的重量、大小进行规范，以保证产品的标准化。

2. 馅料、酱料

馅料、酱料采用罐装原料或半成品，方便储存和使用。

3. 烤盘

比萨烤制应使用专用独立烤盘，且烤盘按大小尺寸分类，保证产品规格和外观一致。

(六) 产品图片 (图 8.15 和图 8.16)

图 8.15　海鲜比萨

图 8.16　意大利火腿比萨

第三节　配餐类产品制作

一、炸薯条

炸薯条是西式快餐中常见的小吃食品，由土豆加工后再油炸而成，食用时，一般佐以番茄酱或其他调味料。因其风味独特、生产成本低、现场制作简单快速的优点，深受快餐店的喜欢。

（一）原料加工流程

土豆⟶预处理（清洗、去皮）⟶切条⟶漂洗⟶风干⟶浸油⟶冷却⟶速冻⟶包装

（二）油炸生产操作规程

西式快餐店使用的薯条是由中心加工厂加工生产的半成品。在快餐店，薯条从冷库取出后，不需要解冻，直接倒入炸篮中，再放进炸炉里，按下定时按钮，炸炉自动烹炸，时间到时，蜂鸣器提示，取出薯条，倒进保温槽里，撒上调味盐即成。

1. 工艺条件

（1）油炸温度：175℃。
（2）油炸时间：3 分钟。
（3）保存温度：65℃，时间 7 分钟。

2. 注意事项

（1）薯条装篮量不超过半篮，未用完的薯条需放回冰柜，以免解冻。
（2）在油炸后 1 分钟需要摇动炸篮，以防止薯条粘接。
（3）炸好的薯条撒盐后，用铲子轻轻翻动混合均匀。

（三）产品图片（图 8.17 和图 8.18）

二、沙拉

沙拉在西餐中常作为开胃菜或小吃，属于辅佐主餐的配餐类菜肴，分为单一型沙拉（只有一种原料）和混合型沙拉（有几种原料）。西式快餐中的沙拉一般是混合型蔬菜沙拉或果蔬沙拉，对于西式快餐产品的营养和风味搭配有一定的作用。

图 8.17　炸好的薯条

图 8.18　薯条（成品）

西式快餐制作沙拉时，主要控制沙拉酱和其他配料的比例以及两者混合的均匀度。沙拉酱、沙拉配料均由中心加工厂统一生产，再配送到各个分店，保证产品质量的统一。

（一）火腿玉米沙拉

（1）火腿玉米沙拉原料配方如表 8.14 所示。

表 8.14　火腿玉米沙拉原料配方

原　　料	实际用量/g	原　　料	实际用量/g
火腿丁	500	胡萝卜丁	50
玉米粒（罐装）	150	沙拉酱（罐装）	50

（2）操作步骤：

① 先将火腿丁、玉米粒及胡萝卜丁三种原料混合在一起。

② 加入沙拉酱拌匀，按每份 100g 装盒即可。

（二）热带水果沙拉

（1）热带水果沙拉原料配方如表 8.15 所示。

表 8.15　热带水果沙拉原料配方

原　　料	实际用量/g	原　　料	实际用量/g
菠萝碎（罐装）	200	木瓜碎（罐装）	100
芒果碎（罐装）	200	水果沙拉汁（罐装）	50

（2）操作步骤：

① 先将菠萝碎、芒果碎、木瓜碎三种原料混合在一起。

② 加入水果沙拉酱拌匀，按每份 100g 装盒即可。

（三）产品图片（图 8.19 和图 8.20）

图 8.19　水果沙拉

图 8.20　火腿玉米沙拉

三、点心

西式快餐常选用起酥点心作为配餐，常见品种有苹果派、菠萝派、蛋挞等。一般由中心加工厂统一生产成半成品，经过速冻后，配送到分店，分店仅需简单热加工（油炸、烤）就可以得到成品。制作方式与炸薯条类似。

第四节　饮料类产品制作

西式快餐饮料的制作通常由饮料浓缩浆料或粉料加水配制而成，多数采用饮料机制作，人员操作简便。

饮料类产品主要应控制以下标准：

（1）饮料温度：一般由水温或饮料机控制。

（2）饮料浓度：由饮料机调配浓缩原料与水（冰块）量的配比来控制。

（3）饮料分量：由选用饮料杯的大小来控制，饮料机设置不同分量的按键可控制。

一、冷饮

（一）碳酸饮料（汽水）

碳酸饮料是西式快餐店普遍供应的冷饮，品种为可乐、雪碧、芬达等。原料浆料（糖浆）和汽水机由相应的公司提供。碳酸饮料的糖度与原料配比如表 8.16 所示。

表 8.16 碳酸饮料的糖度与原料配比

品种名称	糖度/°Bx	配比（糖浆：水）
可乐	10.77～11.77	1：（5.4±0.3）
雪碧	10.40～12.40	1：（5.4±0.3）
芬达	13.40～14.40	1：（4.4±0.2）

（二）果汁饮料

西式快餐店的果汁饮料，采用浓缩果汁原料，由果汁机按一定的配比将浓缩果汁与水自动配制而成，饮料温度为4～7℃。

（三）冰淇淋、奶昔

（1）冰淇淋：快餐店售卖的属于软质冰淇淋，需要使用冰淇淋机。将奶浆制作成冰淇淋，通常还需加上水果酱、巧克力酱等，以丰富产品的风味。

（2）奶昔：由奶昔机将奶浆制作成带冰晶的饮料，是一种稀的软质冰淇淋，有多种风味，用吸管饮用。

（四）产品图片（图 8.21 和图 8.22）

图 8.21 冰淇淋

图 8.22 奶昔

二、热饮

（一）咖啡

咖啡是西方人喜爱的一种饮料，日常饮用的咖啡是用咖啡豆配合各种不同的烹煮器

具制作出来的。快餐店制作咖啡，是将咖啡粉放入滤网，由咖啡机产生的热水冲泡、过滤而制得，供应时配给顾客奶精和糖包。

（二）红茶

红茶是西方人偏爱的一种茶，几百年的饮茶史产生了不同于东方的茶文化。西式快餐店的红茶制作尤为简单，是将袋装红茶直接放入纸杯中，加入开水冲泡而成。袋装红茶一般由品牌茶叶公司提供。

（三）热巧克力

热巧克力亦可称为热可可或饮用巧克力，是一种热饮。典型的热巧克力由牛奶、巧克力或者可可粉和糖混合而成。快餐店的制作，是将热巧克力浆料装入热饮机，按下制作键后，通过机器运转将浓缩浆料与热水混合均匀，并可自动控制产品流出量。

三、自制快餐饮料

自制饮料是采用快餐制作饮料的原理手工配制的饮料，其制作方法与上面介绍的大同小异，以下介绍几款自制饮料参考配方如表8.17～表8.19所示。

表8.17　自制冰柠檬红茶配方

原　料	实际用量	原　料	实际用量
红茶包	1包	凉开水	200mL
白砂糖	15g	冰块	适量
柠檬汁	5g	—	—

表8.18　自制咖啡饮料配方

原　料	实际用量	原　料	实际用量
速溶咖啡粉	1包	咖啡植脂末	10g
白砂糖	10g	开水	200mL

表8.19　自制冰柠檬红茶配方

原　料	实际用量/g	原　料	实际用量
椰浆粉	10	植脂末	10g
白砂糖	10	开水	200mL

本章通过介绍西式快餐产品的分类、各类快餐产品的制作原理和方法，阐明了快餐产品要实现质量标准化需要对原材料进行统一加工和配送，快餐生产过程必须制订严格操作规程保证生产的规范化。

（1）通过对西式快餐市场进行调查，对快餐产品的分类进行总结。
（2）举例说明如何制订快餐生产过程中的操作规程。
（3）西式快餐是如何实现产品调味技术的快餐化的。
（4）分析西式快餐炸鸡的制作原理及方法。
（5）分析西式快餐汉堡包的制作原理及方法。
（6）分析西式快餐比萨的制作原理及方法。
（7）分析西式快餐配餐产品的制作原理及方法。

汉堡中的牛肉

麦当劳汉堡包中使用的牛肉饼是由百分之百的纯牛肉经过打碎加工而成的。这块小小的牛肉饼是经过了一道道严格把关，最后进入麦当劳餐厅被烹制成美味汉堡的。

牛肉饼的制作，首先从养牛开始。例如，河北的一家中德合资肉类加工厂是麦当劳经过严格的筛选、评估和审核的肉类原材料供应商之一。在这里，建有大型的育肥牛场，可接纳 2500 头牛的育肥。从内蒙古、山东等地挑选的优质牛汇集在此，除了精制的饲料笼养、接受检疫，每天还有固定的洗澡时间。

为了保证肉饼的口感和品质，在屠宰之前，经过育肥的牛先要进行一系列的检疫，合格的才能屠宰。牛肉原材料经清洗、加工后很快被送到下一道工序——肉饼加工。

为符合麦当劳高标准的产品要求，肉饼加工厂有一套完整的产品质量保证体系，每个工序均有标准的操作程式。如生产过程就采用统计工艺管理法，关键危险控制点控制系统（HACCP）。

在肉类加工厂，每种产品都有几十种质量控制指标，以确保食品的安全和品质的优良。其中的牛肉饼有 40 多项的质量控制指标和检测标准。例如，牛肉原料必须是精瘦

肉，脂肪含量不得超过19%。牛肉绞碎后一律按规定做成直径为98.5毫米、厚为5.65毫米、重47.32克的肉饼。

必胜客比萨好吃的秘密

必胜客的美味比萨有数十种之多，而等待一份比萨新鲜出炉的时间永远不会超过15分钟，并且你在各个地方的必胜客里，吃到的比萨口味是完全一致的。作为世界最大的比萨连锁品牌，必胜客是如何做到又新鲜、又快速、又好吃的呢？据了解，这主要得益于四个因素：完全现场制作、新鲜的蔬菜、上等的馅料、标准化的制作流程。

很多人以为，在必胜客的厨房里，一定有一批像中餐那样技艺精湛、个性各异的厨师。事实上，必胜客的“厨师”的确是技艺精湛，但却不能有丝毫个性发挥。因为，必胜客强调的是标准化，每一道工序，必须严格按照操作流程进行，不得有丝毫疏漏，只有如此才能保证每一种产品口味的纯正和统一。

据悉，每一种产品均有一本厚厚的标准化制作手册，其规定之细致和严格，令人叹为观止。例如，制作比萨饼，工序是最为复杂的，和面的分量、时间和温度，面饼的制作规格和方法，面饼的发酵温度和时间，馅料的分量和比例，烘烤的温度和时间等标准无处不在，简直像是在生产一种精密仪器一样，其他食品的制作也是如此。汤类，用配好的汤料按标准熬煮而成；鸡翅、串烤等小吃，需按标准的方法腌制，进烤箱烘烤标准的时间后才可以上桌；蛋糕、冰淇淋等是成品，只需简单地加工就可直接装盘；至于沙拉，是由配送中心洗净、切好的成品，直接放在沙拉吧上。不仅是食品，必胜客的各种餐具的摆放，食品上桌的次序，服务的语言和方式，均有严格的标准，科学而又实用，令顾客十分受用。

因此，“标准化生产”的好处显而易见，可以尽可能把口味控制在统一的标准内，保证所有必胜客店内的出品口味、色泽、分量一致。也许有人认为，如此标准化的生产，原料必然会集中大量的采购，那么必然会有一些原料积压而不再新鲜。实际上采用这样的生产方式，需要有强大的配送中心支持。为保证新鲜，每家必胜客餐厅需要进货次数多，面粉、包装用品等“干货”每周一次，水果、蔬菜等“湿货”根据需要每周进三至五次或更多。

第九章　快餐新产品的研发

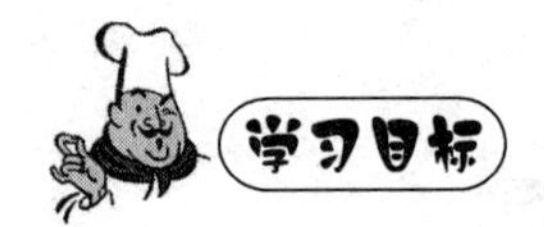

(1) 熟练地掌握快餐新产品研发的相关知识。

(2) 熟悉新产品的研发流程。

世界著名调研公司 AC 尼尔森在中国 30 个城市的 16667 份问卷的调查结果显示：在“顾客最常惠顾”的国际品牌中，肯德基排名第一。肯德基为了推出更符合中国人口味的食品，还专门成立了“肯德基中国健康食品委员会”，聘请十多位国内专家作为食品开发，如今已由 2000 年的 15 种产品增加到 47 种产品；开发上市的长短期产品中植物类产品有 29 种之多。但是肯德基的新快餐，新产品的影响力不够。人们谈到肯德基首先想到的是炸薯条及汉堡包一类的产品，与中式快餐相比，其品种依然单一，消费者选择性少，果品蔬菜类食品少等不足。新品上市价格一般偏高，像一个小小的葡式蛋挞，一个需要 4.5 元，一般消费者较难接受。

(1) 了解影响快餐新产品研发的因素。

(2) 了解和掌握快餐新产品研发的流程和产品研发的方法。

第一节　快餐新产品的研发概述

新产品广义上是指在一定的地域内，第一次生产和销售的，在原理、用途、性能、结构、材料、技术指标等某一方面或几个方面比老产品有显著改进、提高或独创的产品。该新产品是企业在市场上首先开发，能开创全新的市场。

新产品除具有一般产品的特征之外，还具有以下特征。

1. 创新性

新产品往往具有新的原理、新的构思和设计、由新的材料和新的元器件构成，具有新的性能、用途等创新或改进内容。

2. 先进性

新产品必须在技术上先进，性能、质量、能耗等技术经济指标要比老产品有明显的提高。

3. 继承性

任何发明创造或新产品，都是在以往知识积累的基础上孕育产生的。

快餐新产品的研发是快餐企业根据企业实际生产需要，在原料、工艺或品质方面进行有一定独创性的改变，使得现有产品得到改进或提升，或转化传统产品，或开发创新产品，或创新产品服务手段，其研发结果亦需接受市场检验的一种试验的研制过程。

快餐新产品的研发主要涉及三类因素：一类是快餐新产品的工艺适应性，一类是快餐新产品的营养，一类是市场因素。

一、快餐新产品研发的工艺适应性

快餐新产品研发的工艺适应性主要体现在快餐单元操作上的变化。

（一）快餐加工中的单元操作

借用单元操作的概念，可以将传统食品加工工艺过程和烹饪方法分为各种单元操作，从而将菜肴和面点加工过程简化为多种单元操作复合过程，以适应快餐批量化生产。

（二）快餐单元操作变化

快餐单元操作的变化是快餐产品研发的基本思路且适用于各种菜肴的创新，如图 9.1所示。

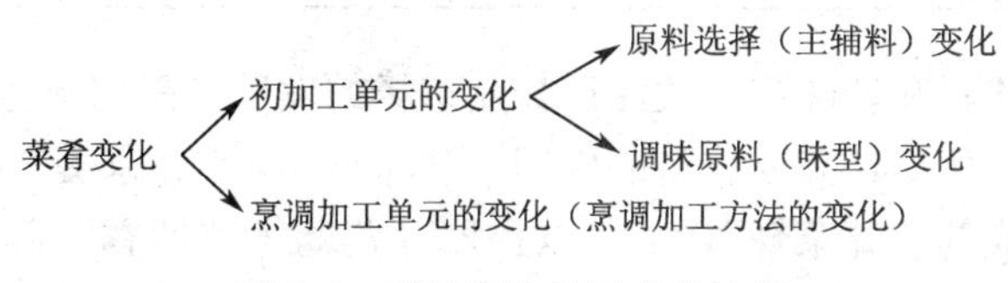

图 9.1　菜肴制作单元变化途径

1. 制作单元的变化

1）原料选择的变化

（1）主辅料替代。菜品的主料或辅料分别用同类原料替代，也可主辅料同时替代。例如“松仁鱼米”的主辅原料的不同替代而产生的不同菜肴品种，如表9.1所示。

表9.1 主辅料替代举例

主料改变	菜名	辅料改变	菜名	主辅料改变	菜名
肉丁	松仁肉丁	腰果	腰果鱼米	腰果、肉丁	腰果肉丁
鸡丁	松仁鸡丁	花仁	花仁鱼米	玉米、肉丁	玉米肉丁
兔丁	松仁兔丁	夏果	夏果鱼米	夏果、肉丁	夏果肉丁

（2）采用新型原辅料：运用市场上出现的新型烹饪原料，如紫薯、菌类、野菜等，在快餐菜品研发中尝试。

2）调味原料的变化

（1）利用味的相互作用。运用各种调味原料和有效的调制手段，使调味料之间及调味料与主辅料之间相互作用、协调配合，从而赋予菜肴一种新的滋味。在快餐菜品批量制作时，最好使用事先准备好的复合调味料，以确保菜品品质的稳定。

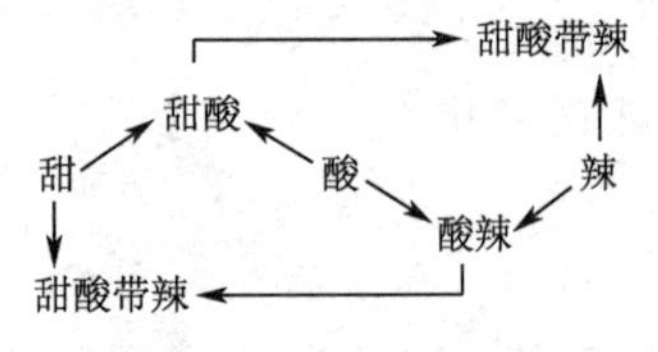

图9.2 味型改变

例如，甜酸味增加辣味，或酸辣味增加甜味都会转变为甜酸带辣的风味，同时随着比例不同还有微妙的差别，味型改变如图9.2所示。

同类调料的替换也是味型变化的常用方法。例如，鲜味调料、辣味调料与酸味调料的替代，也可同类味型的调料联用，调味料替代举例如表9.2所示。

表9.2 调味原料替代举例

调味原料替代类型	举例
鲜味调料替代	味精、鸡精、耗油、虾油、菌油、浓缩鸡汁、蘑菇浸膏等
辣味调料替代	泡辣椒、野山椒、豆瓣酱、辣椒酱、鲜辣椒等
酸味调料替代	醋、柠檬汁、番茄酱、苹果酸、酸菜汁等

（2）采用新调味料和新味型。关注调味品市场的发展，采用新型调味料和味型，也是菜肴创新的手段。例如，芥末味型的应用，该味型中，“芥末香”味主要来源于以细嫩的芥菜花焖炒制成的“芥菜辣”，以及以提取其花蕊等“冲香”部分所制成的各种芥末调味品。此味型是中、西餐调味中广泛使用的一种味型，在中国南、北方地区皆有应用，其广泛用于各种冷拌菜式，在热菜中也有所应用。在中国广东潮州和福建等地区的热菜中常用以蘸食。

3）烹调加工单元的变化

为了适应菜品制作的快餐化，可以在烹调加工单元操作上进行变化，适当改变或组合传统的烹饪方法。如在大批量炒制菜肴时，可先将已经称量后的原辅料过油或焯水，再按工艺要求、采用复合调料包来炒制，这样既能缩短炒制时间，又能保证菜品质量的稳定。又如，炖制或煲制的汤品，可以将蒸炖制品在蒸柜或多功能蒸烤箱里定时完成，以方便控制加热时间。

2. 组成单元的变化

组成单元的变化适用面点小吃品种的变化创新，菜肴制作单元变化途径如图 9.3 所示。

图 9.3　菜肴制作单元变化途径

（1）面团的变化见表 9.3 所示。

表 9.3　面团的变化

主要变化	变化内容
面团调制	水调面团、膨松面团、油酥面团等
面团配料选择	加入玉米面、黄豆面、荞麦、豆渣等杂粮
面团辅料	在不影响制品起酥性的前提下，可用植物黄油代替动物油脂
其他	在面团调制中还可加入鸡蛋、乳品、大豆蛋白粉等

（2）馅心的变化。馅心配料的选择变化，如鸡肉、猪肉、牛肉、羊肉等的替代；或在肉馅中加入蔬菜、香菇；通过加入调料的种类和比例的变化，对馅心的风味进行改变。

3. 融合创新

融合创新是一种杂交形式或交叉形式的创新，在菜品研发中融合不同国家、不同地域、不同菜系的某些元素为我所用，融合创新需要掌握中西式产品及各菜系的制作知识和技能。近年来出现的中西融合的西菜中用或中菜西做等创新菜品。如“三文鱼头豆腐汤”，就是运用欧洲人喜欢三文鱼为原料，采用中式菜肴鲫鱼豆腐汤的制作方法，体现西菜中做的特点。

二、快餐新产品研发中的营养搭配

根据营养学的基本原理设计出既符合人体的营养需求，又符合人们的饮食习惯的快餐产品，是快餐研发和发展的需要。酸碱平衡是快餐营养配餐的关键。在快餐配餐过程中，应根据原料的酸碱性，合理调配食物的酸碱平衡，可利用表 9.4～表 9.6 进行计算。

表 9.4 部分酸性食物的酸度

食物名称	酸度值	食物名称	酸度值
猪肉	−5.6	大米	−11.7
啤酒	−4.3	牛肉	−5.2
鸡肉	−7.6	面包	−0.8
虾	−1.8	干鱿鱼	−4.8

表 9.5 部分碱性食物的碱度

食物名称	碱度值	食物名称	碱度值
大豆	+2.2	苹果	+8.2
海带	+14。6	牛奶	+0.3
香蕉	+8.4	萝卜	+9.3
南瓜	+3.8	菠菜	+12.0

表 9.6 酸碱食物中和表/g

酸性 碱性	大米 (100g)	虾 (100g)	面包 (100g)	猪肉 (100g)	牛肉 (100g)	鸡肉 (100g)	干鱿鱼 (100g)	啤酒 (100g)
大豆	50	50	10	100	100	150	400	30
海带	10	10	2	20	20	30	80	3
香蕉	50	50	10	100	100	150	400	30
南瓜	100	100	15	150	100	250	700	30
苹果	100	100	20	200	150	300	900	30
牛奶	400	300	50	600	500	1000	2700	10
萝卜	100	100	15	150	100	250	700	30
菠菜	30	30	5	50	50	70	200	10

注：① 资料来源于锦州市记忆研究会编著《营养与记忆》。

② 表中所有酸性食物均为 100g，碱性食物量为中和 100g 酸性食物所需要量。如 100g 大米可用 10g 海带中和；中和 100g 猪肉需要菠菜 50g。

三、快餐新产品研发的市场检验

（一）快餐新产品研发与市场结合

快餐新产品研发来源于餐饮市场的需求及顾客的需求，不能与市场脱节，研发的成果必须要向市场转化，只有通过这种转化才能体现研发成果的价值，最终获得效益。而新产品的研发成功与否必须由市场检验评估，得到顾客的满意才合格。

实际上快餐产品在市场上的占有率会因产品生命周期的改变而具有涨衰趋势，产品在跨区域销售时，会因区域饮食习惯的差异而影响对产品的接受程度，产品在不同类别的商

业区分销时，也应采用不同的营销策略，这些都对快餐新产品的市场价值产生影响。

（二）快餐新产品研发与生产、营销的协调

生产的兼容性，使得研发的快餐新产品最好属于已有的产品系列，即是改进型快餐新产品。它是指在原有老产品的基础上进行改进，使产品在品质、花色、款式及包装上具有新的特点和新的突破，改进后的新产品，品质更好，能更多地满足消费者不断变化的需要。同时可以达到与原有的原料、设备、工艺和分店的加工销售等共享。快餐新产品的研发也可以对原有的快餐加工制作平台进行改进或扩展。

营销能力是将快餐新产品推向市场的能力。作为快餐企业的新产品研发部门需要和营销策划部门或人员进行协调和沟通。总之，产品开发要以满足市场需求为前提，企业获利为目标，遵循“根据市场需要，开发适销对路的产品；根据企业的资源、技术等能力确定开发方向；量力而行，选择切实可行的开发方式”的原则进行。

第二节　快餐新产品的研发流程

快餐新产品研发流程如图 9.4 所示：

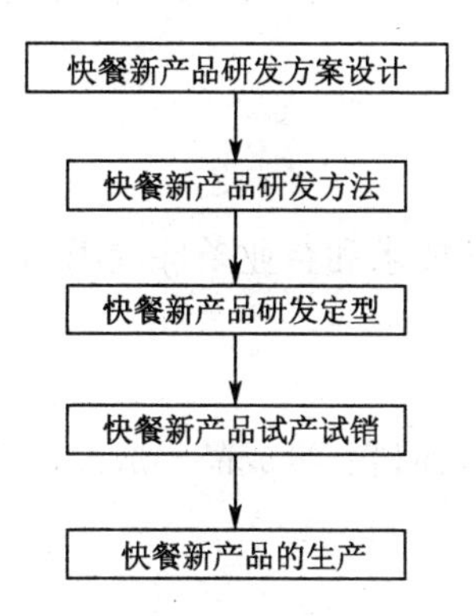

图 9.4　快餐新产品的研发流程图

一、快餐新产品研发方案设计

快餐新产品的构想和研发方案产生的内在动力来源于快餐企业的产品结构及发展、产品质量及工艺存在的问题等，外在动力来源于的快餐市场调研、同行的产品及创新等。研发方案的新颖性及可行性又取决于研发人员的创新能力、想象力、知识技能、经验和进取心。研发方案的确定就是快餐产品的确定。

二、快餐新产品研发方法

快餐新产品研发过程包括一系列或反复的试验活动。快餐操作单元的技术转化是快餐新产品研发的主要手段，加工技术转化是快餐研发的重要内容。快餐操作单元的技术转化就是对产品从原料选择到产品销售的每个操作单元环节的转化。

1. 对原有产品的制作方法进行简化和改进

对原有产品的制作方法进行简化和改进，包括配料、调味等单元进行简化和改进，以适应现代快餐工业化、标准化的生产方式。设计试验方案，通过试验比较，求得最佳结果。

2. 按制作工序编制成工艺流程

为适应快餐标准化生产，将初步试验的结果按制作工序编制成标准化工艺流程，同时确定菜品的半成品形式，充分利用中央厨房，在中央厨房把原料加工成半成品，在分店把半成品加工成成品。此外，还需要在中央厨房制作标准的馅料、复合调味料或调味汁等。

3. 核定原辅料、调料等的配方，使投料定量化

根据实验结果按照不同批次核定原辅料、调料等的标准配方，使投料满足定量化要求，减少人为因素的影响。

4. 设备选用

根据工艺流程中制作工序的要求和企业条件选用相应的设备和器具。

5. 制订质量标准

初步制订快餐生产环节中原辅料、半成品、成品的质量标准。

6. 建立制作工艺标准

工艺标准除配料、工艺流程外，还包括每一工序的制作方法及质控点。

7. 产品营销

通过试销，改进和完善工艺和质量标准，产品最后定型。

三、快餐新产品研发定型要求

（一）制订快餐新产品标准

快餐新产品研发如果没有明确的产品质量标准，就不可能有规范的操作，制订标准是快餐新产品研发定型的第一步，是产品研发的重要内容。

1. 快餐新产品的定性

快餐新产品的定性是对快餐产品的制作工艺、原料、成品质量等标准化的研究和确认，以满足快餐的特点。

2. 快餐新产品的定量

快餐新产品的定量是具体确定快餐产品的原料构成比例，对原料的用量、热加工方式、加热时间、加热温度等的标准化研究和确认。要求掌握原料的变化规律，做好原料成品率测定，然后确定各种原料的准确用量及加工方法。

3. 快餐新产品的标准制订

根据对快餐产品构成的定性、定量研究，确定快餐产品制作的质量要求及成品的规格要求，制订出相关标准规范。

（二）快餐新产品加工标准化

1. 快餐新产品计量标准化、初加工工艺规范化

快餐原料的选择与准确计量，是快餐烹调的第一个关键工序。根据产品标准，合理选料、准确计量，以保证菜肴质量的稳定。

2. 快餐新产品保护工艺

快餐新产品保护工艺就是在快餐原料的外表加上一层保护膜或外壳，在加热的过程中保护原料的水分和风味。常见的有上浆、挂糊、拍粉三大类型。根据不同原料选择不同的保护性材料，规范相应的操作要领。

3. 快餐新产品风味调配

快餐新产品的风味调配就是在烹调的过程中，运用各类调料和调配方法，调和滋味、香气、色泽和原料质地的过程，是决定菜肴的关键工序。风味调配包括调味、调香、调色、调质四个方面。快餐产品的各种调味品数量及投放次序都需写入标准中。

4. 快餐新产品热加工条件标准化

快餐新产品热加工是运用适当的手段加工原料，在满足卫生、营养、美观的前提下，使之成为可直接食用菜肴的加工过程。火候的运用和掌握是热加工的核心内容。

（1）加热时间。凡能确定准确加工时间的均应写入标准中。例如，炖制类菜肴，一般温度保持在100℃，时间控制在1～3小时。又如，制作清蒸鱼时，用足汽速蒸方式

蒸制，时间控制在 7 分钟左右即可。

（2）加热温度。快餐产品加热过程中温度控制要求、温度曲线变化规律，均应写入标准。例如在制作油炸类菜肴时，多用 140～180℃的油温。

（三）快餐新产品操作规范化

与菜肴质量密切相关的单元操作要有明确的动作指令。如快餐“炸鸡”的制作过程中，“裹粉”工序至关重要，须按规范动作和次数来控制裹粉质量，使裹粉均匀，厚度一致。操作程序分为两种如表 9.7 和表 9.8 所示。

一次裹粉法：浸润──→翻转（10 次）──→压粉（7 次）──→抖粉（1 次）。

表 9.7　一次裹粉操作规程

动作	翻　转	压　粉	抖　粉
次数	10	7	1
要领	双手插入裹粉中	双手相叠，沿顺时针方向按压整个鸡块	双手各执一个鸡块，让手腕相碰以抖落面粉

二次裹粉法：浸润──→翻压（7 次）筛粉──→浸润──→抖动（10 次）──→翻压（7 次）──→筛粉。

表 9.8　一次裹粉操作规程

动作	翻　压	抖　动	翻　压
次数	7	10	7
要领	双手插入裹粉，将鸡块翻起并顺势压下，然后筛去未粘附的裹粉	将第一次裹粉的鸡块再次浸润，并在篮中在抖动，放入裹粉中	重复第一次动作进行第二次裹粉，筛去未粘附的裹粉

四、快餐新产品试产试销

新产品的试销，是把经过鉴定的样品投入少量的生产，按企业所制订的营销策略计划，将产品小范围投放市场，以观测用户的反映，并把用户的意见及时反馈，对新产品做进一步的改进后再试销。

快餐新产品在完成了小试、中试之后，需要确定工艺流程、工艺参数，制订《产品作业手册》以及《产品质量标准》。然后对快餐新产品进行试生产、试销售，根据反馈信息，对数据进行分析，找出有问题的地方，及时修订《产品作业手册》以及《产品质量标准》。

新产品试产试销是对新产品正式上市前所做的最后一次测试。这个过程有时要反复多次。试产试销进行市场测试是为正式生产做全面准备。

五、快餐新产品的生产

快餐新产品在确定正式投产销售后，中央厨房（中心加工厂）及各分店必须严格按照产品的工艺流程、工艺参数进行生产，产品质量必须按照质量标准进行严格把关。

当然，快餐新产品的正式生产和销售后也可能出现新的问题，在继续跟踪的基础上，对产品进行不断地改进和完善。新产品经过试销获得成功后，企业就可把产品正式投入大批量生产。正式投产不仅需要大量资金，企业还应注意上市的时间、地点以及市场营销策略。

快餐新产品的研发是快餐企业根据企业实际生产需要，在原料、工艺或品质方面进行有一定独创性的改变，使得现有产品得到改进或提升，或转化传统产品，或开发创新产品，或创新产品服务手段的一种试验的研制过程。

快餐新产品的研发主要涉及三类因素：一类是快餐新产品的工艺适应性，一类是快餐新产品的营养，一类是市场因素。

快餐操作单元的技术转化是快餐新产品研发的主要手段，加工技术转化是快餐研发的重要内容。

（1）快餐新产品的研发要点。

（2）举例说明快餐操作单元的技术转化应用。

（3）快餐新产品定型要求？

新产品的类型

科学技术的飞速发展，导致产品生命周期越来越短。在20世纪中期，一代产品通常意味20年左右的时间；而到90年代，一代产品不超过7年。生命周期最短的是计算机产品，根据摩尔定理，计算机芯片的处理速度每18个月就要提高1倍，而芯片的价格却以每年25%的速度下降。这一切促使企业为了自身的生存与发展，必须不断开发新产品，以迎合市场需求的快速变化。新产品的类型主要有以下几种。

1. 全新产品

全新产品是指应用新原理、新技术、新材料，具有新结构、新功能的产品。该新产品在全世界首先开发，能开创全新的市场。它占新产品的比例为10%左右。

2. 改进型新产品

改进型新产品是指在原有老产品的基础上进行改进，使产品在结构、功能、品质、花色、款式及包装上具有新的特点和新的突破，改进后的新产品，其结构更加合理，功能更加齐全，品质更加优质，能更多地满足消费者不断变化的需要。它占新产品的26%左右。

3. 模仿型新产品

模仿型新产品是企业对国内外市场上已有的产品进行模仿生产的产品。模仿型新产品约占新产品的20%左右。

4. 形成系列型新产品

形成系列型新产品是指在原有的产品大类中开发出新的品种、花色、规格等，从而与企业原有产品形成系列，扩大产品的目标市场。该类型新产品占新产品的26%左右。

5. 降低成本型新产品

降低成本型新产品是以较低的成本提供同样性能的新产品，主要是指企业利用新科技，改进生产工艺或提高生产效率，削减原产品的成本，但保持原有功能不变的新产品。这种新产品的比重为11%左右。

6. 重新定位型新产品

重新定位型新产品是指企业的老产品进入新的市场而被称为该市场的新产品。这类新产品约占全部新产品的7%左右。

新产品开发策略的选择

采用何种策略则要根据企业自身的实力，根据市场情况和竞争对手的情况。当然，这与企业决策者的个人素质也有很大关系，开拓型与稳定型的经营者会采用不同的策

略。常用的策略如下。

1. 先发制人策略

先发制人策略是指企业率先推出新产品，利用新产品的独特优点，占据市场上的有利地位。从市场竞争的角度看，如果你能抢先一步，竞争对手就只能跟在后面追，而你不满足占领已有的市场，连续不断地更新换代，开发以前没有的新产品、新市场，竞争对手就会疲于奔命。采用先发制入的策略，企业必须具备以下条件：企业实力雄厚，且科研实力、经济实力兼备，并具备对市场需求及其变化趋势的超前预判能力。

2. 模仿式策略

模仿式策略就是等别的企业推出新产品后，立即加以仿制和改进，然后推出自己的产品。企业采取竞争性模仿策略，既可以避免市场风险，又可以节约研究开发费用，还可以借助竞争者领先开发新产品的声誉，顺利进入市场。更重要的是，它通过对市场领先者的创新产品做出许多建设性的改进，有可能后来居上。

3. 系列式产品开发策略

系列式产品开发策略就是围绕产品向上下左右前后延伸，开发出一系列类似的、但又各不相同的产品，形成不同类型不同规格、不同档次的产品系列。采用该策略开发新产品，企业可以尽量利用已有的资源，设计开发更多的相关产品。

新产品开发的方式

在选择不同策略的基础上，企业应根据具体情况选择相应的新产品开发的方式。

1. 独立研制方式

独立研制方式指企业依靠自己的科研和技术力量研究开发新产品。

2. 联合研制方式

联合研制方式是指企业与其他单位，包括大专院校、科研机构以及其他企业共同研制新产品。

3. 技术引进方式

技术引进方式是指通过与外商进行技术合作，从国外引进先进技术来开发新产品，这种方式也包括企业从本国其他企业、大专院校或科研机构引进技术来开发新产品。

4. 自行研制与技术引进相结合的方式

这种方式是指企业把引进技术与本企业的开发研究结合起来，在引进技术的基础上，根据本国国情和企业技术特点，将引进技术加以消化、吸收、再创新，研制出独具特色的新产品。

5. 仿制方式

按照外来样机或专利技术产品，仿制国内外的新产品，是迅速赶上竞争者的一种有效的新产品开发方式。

中国式“裹饼”成洋快餐巨头麦当劳新产品

自1990年进入中国市场以来，麦当劳已经在中国投资10亿美元左右，约在80个城市开设有近600家餐厅。但在快餐业竞争白热化的今天，麦当劳也难保优势。

为了不断适应中国人的口味，麦当劳改变其延续近50年的单一主食品种结构，使中国北方传统食品煎饼裹大葱，如今成为洋快餐巨头麦当劳公司的新产品。首次借鉴中国地方传统吃法，在中国的重庆等10个城市试点推广“北方裹饼”可谓麦当劳历史上的巨大创新。“北方裹饼”将和汉堡包一样，成为其“主打”主食。依靠不断复制这种单一品种的简单产品结构模式，麦当劳在全球市场迅速推广其高质量快餐理念，最终发展成为全球规模最大的快餐集团。

附　　录

附录一　与快餐行业相关的专业术语

（1）**快餐**：“快餐”是为消费者提供日常基本生活需求服务的大众化餐饮（public feeding），具有以下特点：“制售快捷，食用便利，质量标准，营养均衡，服务简便，价格低廉”。

（2）**fast foods**：是指由商业机构分销的可即刻食用的食品（ready-to-eat）。机构内可备有或不提供就餐设施。这种机构运营的主要特征是在点餐（ordering）和供餐（Serving）间只需很少或无需等候时间。

（3）**convenience foods**：为部分或完全的预制食品，它由生产厂合成加工或由零售处熟制，以便在家庭中食用时只需最少的备制时间。

（4）**snack 或 snack foods**：为随意的进食，易于消费的、小份的、热的或冷的、固体或液体食品。具有小吃、零食、休闲食品的含义。

（5）**instant foods**：它是指一种商业产品，通过脱水、精碾、细压和研磨等制备过程而形成的预混合、预烹调食品，速溶食品。

（6）**快餐食品**：是烹饪科学与食品科学相结合的产物，是食品科学向餐饮业渗透，烹饪走向科学化、烹饪走向工业化的必然产物。

（7）**现代快餐**：用现代的企业模式，运用先进的快餐装置、科学的营养配方和用现代化加工技术制造出的能随人随意及时的现吃现做、富有营养价值、品种繁多、食用简便的系列饭食，就叫现代快餐。

（8）**快餐连锁店**：指以集中加工配送、当场分餐食用并快速提供就餐服务为主要加工供应形式的连锁单位。采取共同的经营方针、一致的营销行动，实行集中采购和分散销售的有机结合，通过规范化经营实现规模经济效益的联合。

（9）**中央厨房**：中央厨房又称中心厨房或配餐配送中心。其主要任务是将原料按菜单分别制作加工成半成品或成品，配送到各连锁经营店进行二次加热和销售组合后销售给各顾客，也可直接加工成成品与销售组合后直接配送销售给顾客。

（10）**中央厨房主要功能**：集中采购功能：中心厨房汇集各连锁店提出的要货计划后，结合中心库和市场供应部制订采购计划，统一向市场采购原辅材料。

生产加工功能：中心厨房要按照统一的品种规格和质量要求，将大批量采购来的原辅材料加工成成品或半成品。

检验功能：对采购的原辅材料和制成的成品或半成品进行质量检验，做到不符合原辅材料不进入生产加工过程，不符合的成品或半成品不出中央厨房。

统一包装功能：在中央厨房内，根据连锁企业共同包装形象的要求，对各种成品或半成品进行一定程度的统一包装。

冷冻储藏功能：中心厨房需配有冷冻储藏设备，一是储藏加工前的原材料，二是储藏生产包装完毕但尚未送到连锁店的成品或半成品。

运输功能：中心厨房要配备运输车辆，根据各店的要货计划，按时按量将产品送到连锁门店。

信息处理功能：中央厨房和各连锁店之间有电脑网络，及时了解各店的要货计划，根据计划来组织各类产品的生产加工。

它的具体运作步骤是：设立“中央大厨房”，集中生产80%以上的半成品，用简单包装送到各快餐店（连锁店），然后加工成成品供应顾客。

（11）**恩格尔定律**：食品消费支出占总消费支出的百分数。

（12）**快餐化**：传统餐饮向快餐的转化过程称为快餐化。

（13）**单元操作**：单元操作（unit operation）的概念起源于化学工业。人们在长期从事化工生产实践中，自然而然地把组成不同化工行业生产过程所共有的基本操作过程抽提出来，研究其各自的内在规律性，并在理论上加以总结和提高，再应用到生产实践中去。这些基本操作过程称为化工单元操作。

（14）**传统食品加工的单元操作**：为了使烹饪中复杂的、模糊的工艺过程简单化、标准化，将传统食品加工工艺过程和烹饪方法分为不同的单元操作，从而使各种具体的菜肴及面食的加工过程成为多种单元操作复合过程，可以简化研究程序，便于找到规律性。

（15）**团膳**：专门从事企事业、学校、工厂食堂承包托管的团体餐饮服务的方式。

（16）**商膳**：专门从事流动人群餐饮服务的方式。

（17）**公司＋基地＋农户模式**：现代大型快餐企业通常采用公司＋基地＋农户模式进行原料的种植或养殖，农民或牧民按订单安心生产，快餐企业负责销售。

（18）**快餐企业供应商**：是指直接向快餐企业提供商品及相应服务的企业及其分支机构、个体工商户，包括制造商、经销商和其他中介商。或称为“厂商”，即供应商品的个人或法人。供应商可以是农民、生产基地、制造商、代理商、批发商（限一级）、进口商等，应避免太多中间环节的供应商。

（19）**标准化作业**：就是对在作业系统调查分析的基础上，将现行作业方法的每一操作程序和每一动作进行分解，以科学技术、规章制度和实践经验为依据，以安全、质量效益为目标，对作业过程进行改善，从而形成一种优化作业程序，逐步达到安全、准确、高效、省力的作业效果。

（20）**规范**：快餐企业组织为了做到别具特色，需要规范自己的行为，影响组织的决策与行动，因此所确立的行为标准。它们可以由组织正式规定，也可以是非正式

形成。

（21）**质量体系文件**：由质量手册、质量体系程序和其他质量文件构成。

（22）**质量手册（QM）**：主要功能是将管理层的质量方针及目标以文件形式告诉全体员工或顾客。是为了确保质量而说明“做了哪些工作以保证质量”。

（23）**程序文件（QP）**：是指导员工如何进行及完成质量手册内容所表达的方针及目标的文件。

（24）**作业指导书（WI）**：在快餐生产过程中，用以指导某个具体生产过程，事物形成的技术性细节描述的可操作性文件。常用的作业指导书、工作细则、标准、作业规范是通常应包含的内容。作业指导书是针对某个部门内部或某个岗位的作业活动的文件，侧重描述如何进行操作，是对程序文件的补充或具体化。对这类文件有不同的具体名称，如工艺规程、工作指令、操作规程等。

（25）**记录表格（F）**：是用于证实产品或服务是如何依照所定要求运作的文件。

（26）**配送中心**：是专门从事货物配送活动的流通企业，经营规模较大，其设施和工艺结构是根据配送活动的特点和要求专门设计和设置的，故专业化、现代化程度高，设施和设备比较齐全，货物配送能力强，不仅可以远距离配送，还可以进行多品种货物配送，不仅可以配送工业企业的原材料，还可以承担向批发商进行补充性货物配送。

（27）**绿色物流**：在物流过程中抑制物流对环境造成危害的同时，实现对物流环境的净化，使物流资源得到最充分利用。

（28）**供应链**：其实就是由供应商、制造商、仓库、配送中心和渠道商等构成的物流网络。同一企业可能构成这个网络的不同组成节点，但更多的情况下是由不同的企业构成这个网络中的不同节点。

（29）**供应链管理**：就是指在满足一定的客户服务水平的条件下，为了使整个供应链系统成本达到最小而把供应商、制造商、仓库、配送中心和渠道商等有效地组织在一起来进行的产品制造、转运、分销及销售的管理方法。

（30）**冷链**：为保持新鲜食品及冷冻食品等的品质，使其在从生产到消费的过程中，始终处于低温状态的配有专门设备的物流网络。

（31）**零库存技术**：在生产与流通领域按照JIT组织物资供应，使整个过程库存最小化的技术总称。

（32）**理货**：货物装卸中，对照货物运输票据进行的理（点）数、计量、检查残缺、指导装舱积载、核对标记、检查包装、分票、分标志和现场签证等工作。

（33）**流通加工**：物品在从生产地到使用地的过程中，根据需要施加包装、分割、计量、分拣、刷标志、拴标签、组装等简单作业的总称。

（34）**原料**：指供烹饪加工制作食品所用的一切可食用的物质和材料。

（35）**半成品**：指食品原料经初步或部分加工后，尚需进一步加工制作的食品或原料。

（36）**成品**：指经过加工制成的或待出售的可直接食用的食品。

（37）**食品添加剂**：指为改善食品品质和色、香、味以及为防腐、保鲜和加工工艺的需要而加入食品中的人工合成或者天然物质。

（38）**食品的包装材料和容器**：指包装、盛放食品或者食品添加剂用的纸、竹、木、金属、搪瓷、陶瓷、塑料、橡胶、天然纤维、化学纤维、玻璃等制品和直接接触食品或者食品添加剂的涂料。

（39）**食品生产经营的工具、设备**：指在食品或者食品添加剂生产、流通、使用过程中直接接触食品或者食品添加剂的机械、管道、传送带、容器、用具、餐具等。

（40）**快餐安全**：指快餐食品无毒、无害，符合应当有的营养要求，对人体健康不造成任何急性、亚急性或者慢性危害。

（41）**预包装食品**：指预先定量包装或者制作在包装材料和容器中的食品。

（42）**食源性疾病**：指食品中致病因素进入人体引起的感染性、中毒性等疾病。

（43）**食物中毒**：指食用了被有毒有害物质污染的食品或者食用了含有毒有害物质的食品后出现的急性、亚急性疾病。

（44）**食品安全事故**：指食物中毒、食源性疾病、食品污染等源于食品，对人体健康有危害或者可能有危害的事故。

（45）**保质期**：指预包装食品在标签指明的贮存条件下保持品质的期限。

（46）**用于食品的洗涤剂、消毒剂**：指直接用于洗涤或者消毒食品、餐饮具以及直接接触食品的工具、设备或者食品包装材料和容器的物质。

（47）**清洗**：指利用清水清除原料夹带的杂质和原料、工具表面的污物所采取的操作过程。

（48）**消毒**：用物理或化学方法破坏、钝化或除去有害微生物的操作，消毒不能完全杀死细菌芽胞。

（49）**交叉污染**：指通过生的食品、食品加工者、食品加工环境或工具把生物的、化学的污染物转移到食品的过程。

（50）**从业人员**：指餐饮业和集体用餐配送单位中从事食品采购、保存、加工、供餐服务等工作的人员。

（51）**库房**：指专门用于贮藏、存放食品原料的场所。

（52）**食品中心温度**：指块状或有容器存放的液态食品或食品原料的中心部位的温度。

（53）**冷藏**：指为保鲜和防腐的需要，将食品或原料置于冰点以上较低温度条件下储存的过程，冷藏温度的范围应在0～10℃之间。

（54）**冷冻**：指将食品或原料置于冰点温度以下，以保持冰冻状态的储存过程，冷冻温度的范围应在－20℃～－1℃之间。

附录二 与快餐行业相关的政策法规

一、食品流通许可证管理办法

第一章 总 则

第一条 为了规范食品流通许可行为，加强《食品流通许可证》管理，根据《中华人民共和国食品安全法》、《中华人民共和国行政许可法》、《中华人民共和国食品安全法实施条例》等有关法律、法规的规定，制订本办法。

第二条 食品流通许可的申请受理、审查批准以及相关的监督检查等行为，适用本办法。

第三条 在流通环节从事食品经营的，应当依法取得食品流通许可。

取得食品生产许可的食品生产者在其生产场所销售其生产的食品，不需要取得食品流通的许可；取得餐饮服务许可的餐饮服务提供者在其餐饮服务场所出售其制作加工的食品，不需要取得食品流通的许可。

第四条 县级及其以上地方工商行政管理机关是食品流通许可的实施机关，具体工作由负责流通环节食品安全监管的职能机构承担。地方各级工商行政管理机关的许可管辖分工由省、自治区、直辖市工商行政管理局决定。

第五条 食品流通许可应当遵循依法、公开、公平、公正、便民、高效的原则。

第六条 食品经营者应当在依法取得《食品流通许可证》后，向有登记管辖权的工商行政管理机关申请办理工商登记。未取得《食品流通许可证》和营业执照，不得从事食品经营。

法律、法规对食品摊贩另有规定的，依照其规定。

第七条 食品经营者的经营条件发生变化，不符合食品经营要求的，食品经营者应当立即采取整改措施；有发生食品安全事故的潜在风险的，应当立即停止食品经营活动，并向所在地县级工商行政管理机关报告；需要重新办理许可手续的，应当依法办理。

县级及其以上地方工商行政机关应当加强对食品经营者经营活动的日常监督检查；发现不符合食品经营要求情形的，应当责令立即纠正，并依法予以处理；不再符合食品流通许可条件的，应当依法撤销食品流通许可。

第八条 任何组织或者个人有权举报《食品流通许可证》审核发放和监督检查过程中的违法行为，许可机关应当及时核实、处理。

第二章 申请与受理

第九条 申请领取《食品流通许可证》，应当符合食品安全标准，并符合下列要求：

（一）具有与经营的食品品种、数量相适应的食品原料处理和食品加工、包装、储

存等场所，保持该场所环境整洁，并与有毒、有害场所以及其他污染源保持规定的距离。

（二）具有与经营的食品品种、数量相适应的设备或者设施，有相应的消毒、更衣、盥洗、采光、照明、通风、防腐、防尘、防蝇、防鼠、防虫、洗涤以及处理废水、存放垃圾和废弃物的设备或者设施。

（三）有食品安全专业技术人员、管理人员和保证食品安全的规章制度。

（四）具有合理的设备和工艺流程，防止待加工食品与直接入口食品、原料与成品交叉污染，避免食品接触有毒物、不洁物。

第十条 申请领取《食品流通许可证》，应当提交下列材料：

（一）《食品流通许可申请书》。

（二）《名称预先核准通知书》复印件。

（三）与食品经营相适应的经营场所的使用证明。

（四）负责人及食品安全管理人员的身份证明。

（五）与食品经营相适应的经营设备、工具清单。

（六）与食品经营相适应的经营设施空间和操作流程的文件。

（七）食品安全管理制度文本。

（八）省、自治区、直辖市工商行政管理局规定的其他材料。

申请人委托他人提出许可申请的，委托代理人应当提交委托书以及委托代理人或者指定代表的身份证明。

已经具有合法主体资格的经营者在经营范围中申请增加食品经营项目的，还需提交营业执照等主体资格证明材料，不需提交《名称预先核准通知书》复印件。

新设食品经营企业申请食品流通许可，该企业的投资人为许可申请人；已经具有主体资格的企业申请食品流通许可，该企业为许可申请人；企业分支机构申请食品流通许可，设立该分支机构的企业为许可申请人；个人新设申请或个体工商户申请食品流通许可，业主为许可申请人。申请人应当在申请书等材料上签字盖章。

第十一条 申请《食品流通许可证》所提交的材料，应当真实、合法、有效，符合相关法律法规规定。申请人应当对其提交材料的合法性、真实性、有效性负责。

第十二条 企业的分支机构从事食品经营，各分支机构应当分别申领《食品流通许可证》。

第十三条 许可机关收到申请时，应当对申请事项进行审查，并根据下列情况分别作出处理：

（一）申请事项依法不需要取得《食品流通许可证》的，应当即时告知申请人不予受理。

（二）申请事项依法不属于许可机关职权范围的，应当即时做出不予受理的决定，并告知申请人向有关行政机关申请。

（三）申请材料存在可以当场更正的错误，应当允许申请人当场更正，由申请人在更正处签名或者盖章，注明更正日期。

（四）申请材料不齐备或者不符合法定形式的，应当当场或者五日内一次告知申请人需要补正的全部内容；当场告知时，应当将申请材料退回申请人；属于五日内告知的，应当收取申请材料并出具收到申请材料的凭据，逾期不告知的，自收到申请材料之日起即为受理。

（五）申请材料齐全、符合法定形式，或者申请人按照要求提交了全部补正材料的，许可机关应当予以受理。

许可机关受理许可申请之后至作出许可决定之前，申请人书面要求撤回食品流通许可申请的，应当同意其撤回要求；撤回许可申请的，许可机关终止办理。

第十四条 许可机关对申请人提出的申请决定予以受理的，应当出具《受理通知书》；决定不予受理的，应当出具《不予受理通知书》，说明不予受理的理由，并告知申请人享有依法申请行政复议或者提起行政诉讼的权利。

第三章 审查与批准

第十五条 食品流通许可事项包括经营场所、负责人、许可范围等内容。

食品流通许可事项中的许可范围，包括经营项目和经营方式。经营项目按照预包装食品、散装食品两种类别核定；经营方式按照批发、零售、批发兼零售三种类别核定。

第十六条 许可机关应当审核申请人提交的相关材料是否符合《中华人民共和国食品安全法》第二十七条第一项至第四项以及本办法的要求。必要时，可以按照法定的权限与程序，对其经营场所进行现场核查。材料审核和现场核查的具体办法由省、自治区、直辖市工商行政管理局制订。

进行现场核查，许可机关应当指派两名以上执法人员参加并出示有效证件，申请人和食品经营者应当予以配合。现场核查应当填写《食品流通许可现场核查表》。

第十七条 对申请人提交的食品流通许可申请予以受理的，许可机关应当自受理之日起二十日内做出是否准予许可的决定。二十日内不能做出许可决定的，经许可机关负责人批准，可以延长十日，并应当将延长期限的理由告知申请人。

第十八条 许可机关做出准予许可决定的，应当出具《准予许可通知书》，告知申请人自决定之日起十日内，领取《食品流通许可证》；做出准予许可变更决定的，应当出具《准予变更许可通知书》，告知申请人自决定之日起十日内，换发《食品流通许可证》；做出准予许可注销决定的，应当出具《准予注销许可通知书》，缴销《食品流通许可证》。许可机关做出准予许可决定的，应当予以公开。

许可机关做出不予许可决定的，应当出具《驳回申请通知书》，说明不予许可的理由，并告知申请人依法享有申请行政复议或者提起行政诉讼的权利。

第十九条 许可机关认为需要听证的涉及公共利益的重大许可事项，应当向社会公告，并举行听证。

第四章　许可的变更及注销

第二十条　食品经营者改变许可事项，应当向原许可机关申请变更食品流通许可。未经许可，不得擅自改变许可事项。

第二十一条　食品经营者向原许可机关申请变更食品流通许可的，应当提交下列申请材料：

（一）《食品流通变更许可申请书》。

（二）《食品流通许可证》正、副本。

（三）与变更食品流通许可事项相关的材料。

第二十二条　食品流通许可的有效期为三年。

食品经营者需要延续食品流通许可的有效期的，应当在《食品流通许可证》有效期届满三十日前向原许可机关提出申请，换发《食品流通许可证》。

办理许可证延续的，换发后的《食品流通许可证》编号不变，但发证年份按照实际情况填写，有效期重新计算。

第二十三条　有下列情形之一的，发放《食品流通许可证》的许可机关或者其上级机关，可以撤销已作出的食品流通许可：

（一）许可机关工作人员滥用职权，玩忽职守，给不符合条件的申请人发放《食品流通许可证》的。

（二）许可机关工作人员超越法定权限发放《食品流通许可证》的。

（三）许可机关工作人员违反法定程序发放《食品流通许可证》的。

（四）依法可以撤销食品流通许可的其他情形。

食品经营者以欺骗、贿赂等不正当手段和隐瞒真实情况或者提交虚假材料取得食品流通许可，应当予以撤销。

依照前两款规定撤销食品流通许可，可能对公共利益造成重大损害的，不予撤销。

第二十四条　有下列情形之一的，许可机关应当依法办理食品流通许可的注销手续：

（一）《食品流通许可证》有效期届满且食品经营者未申请延续的。

（二）食品经营者没有在法定期限内取得合法主体资格或者主体资格依法终止的。

（三）食品流通许可被依法撤销，或者《食品流通许可证》依法被吊销的。

（四）因不可抗力导致食品流通许可事项无法实施的。

（五）依法应当注销《食品流通许可证》的其他情形。

第二十五条　食品经营者申请注销《食品流通许可证》的，应当向原许可机关提交下列申请材料：

（一）《食品流通注销许可申请书》。

（二）《食品流通许可证》正、副本。

（三）与注销《食品流通许可证》相关的证明文件。

许可机关受理注销申请后，经审核依法注销《食品流通许可证》。

第二十六条 食品经营者遗失《食品流通许可证》的，应当在报刊上公开声明作废，并持相关证明向原许可机关申请补办。经批准后，由原许可机关在二十日内补发《食品流通许可证》。

第五章 许可证的管理

第二十七条 《食品流通许可证》分为正本、副本。正本、副本具有同等法律效力。

《食品流通许可证》正本、副本式样，以及《食品流通许可申请书》、《食品流通变更许可申请书》、《食品流通注销许可申请书》等式样，由国家工商行政管理总局统一制订。省、自治区、直辖市工商行政管理局负责本行政区域《食品流通许可证》及相关申请文书的印制、发放和管理。

第二十八条 《食品流通许可证》应当载明：名称、经营场所、许可范围、主体类型、负责人、许可证编号、有效期限、发证机关及发证日期。

第二十九条 《食品流通许可证》编号由两个字母＋十六位数字组成，即：字母SP＋六位行政区划代码＋两位发证年份＋一位主体性质＋六位顺序号码＋一位计算机校验码。

《食品流通许可证》具体编号规则另行制订。

第三十条 食品经营者取得《食品流通许可证》后，应当妥善保管，不得伪造、涂改、倒卖、出租、出借，或者以其他形式非法转让。

食品经营者应当在经营场所显著位置悬挂或者摆放《食品流通许可证》正本。

第六章 监督检查

第三十一条 县级及其以上地方工商行政管理机关应当依据法律、法规规定的职责，对食品经营者进行监督检查。监督检查的主要内容是：

（一）食品经营者是否具有《食品流通许可证》。

（二）食品经营者的经营条件发生变化，不符合经营要求的，经营者是否立即采取整改措施；有发生食品安全事故的潜在风险的，经营者是否立即停止经营活动，并向所在地县级工商行政管理机关报告；需要重新办理许可手续的，经营者是否依法办理。

（三）食品流通许可事项发生变化，经营者是否依法变更许可或者重新申请办理《食品流通许可证》。

（四）有无伪造、涂改、倒卖、出租、出借，或者以其他形式非法转让《食品流通许可证》的行为。

（五）聘用的从业人员有无身体健康证明材料；

（六）在食品储存、运输和销售过程中有无确保食品质量和控制污染的措施。

（七）法律、法规规定的其他情形。

第三十二条 县级及其以上地方工商行政管理机关应当对食品经营者建立信用档案，记录许可颁发、日常监督检查结果、违法行为查处等情况。

对食品经营者从事食品经营活动进行监督检查时，工商行政管理机关应当将监督检查的情况和处理结果予以记录，由监督检查人员和食品经营者签字确认后归档。

工商行政管理机关在办理企业年检、个体工商户验照时，应当按照企业年检、个体工商户验照的有关规定，审查食品流通许可证是否被撤销、吊销或者有效期限届满。对食品流通许可证被撤销、吊销或者有效期限届满的，登记机关按照有关规定，责令其办理经营范围的变更登记或者注销登记。

第三十三条 许可申请人隐瞒真实情况或者提供虚假材料申请食品流通许可的，工商行政管理机关不予受理或者不予许可，申请人在一年内不得再次申请食品流通许可。

被许可人以欺骗、贿赂等不正当手段取得食品流通许可的，申请人在三年内不得再次申请食品流通许可。

被吊销食品生产、流通或者餐饮服务许可证的，其直接负责的主管人员自处罚决定做出之日起五年内不得从事食品经营管理工作。

食品经营者聘用不得从事食品生产经营管理工作的人员从事管理工作的，由原发证部门吊销许可证。

第三十四条 有下列情形之一的，依照法律、法规的规定予以处罚。法律、法规没有规定的，责令改正，给予警告，并处以一万元以下罚款；情节严重的，处以一万元以上三万元以下罚款：

（一）未经许可，擅自改变许可事项的。

（二）伪造、涂改、倒卖、出租、出借《食品流通许可证》，或者以其他形式非法转让《食品流通许可证》的。

（三）隐瞒真实情况或者提交虚假材料申请或取得食品流通许可的。

（四）以欺骗、贿赂等不正当手段取得食品流通许可的。

依照《中华人民共和国行政处罚法》的规定，对主动消除、减轻危害后果，或者有其他法定情形的，可以从轻或减轻处罚；对违法情节轻微并及时纠正、没有造成危害后果的，不予处罚。

第三十五条 食品经营者对工商行政管理机关的处罚决定不服的，可以依法申请行政复议或者提起行政诉讼。

第三十六条 食品经营者在营业执照有效期内被依法注销、撤销、吊销食品流通许可，或者《食品流通许可证》有效期届满的，应当在注销、撤销、吊销许可或者许可证有效期届满之日起三十日内申请变更登记或者办理注销登记。

第三十七条 工商行政管理机关工作人员玩忽职守、滥用职权、徇私舞弊的，依法追究有关人员的行政责任；构成犯罪的，依法追究刑事责任。

第三十八条 工商行政管理机关应当依法建立食品流通许可档案。

借阅、抄录、携带、复制档案资料的，依照法律、法规及国家工商行政管理总局有关规定执行。任何单位和个人不得修改、涂抹、标注、损毁档案资料。

第三十九条　工商行政管理机关应当加强与同级食品安全综合协调部门的工作联系，及时通报食品流通许可有关信息。

第七章　附　　则

第四十条　食品经营者在本办法施行前已领取《食品卫生许可证》的，原许可证继续有效。原许可证许可事项发生变化或者有效期届满，食品经营者应当按照本办法的规定提出申请，经许可机关审核后，缴销《食品卫生许可证》，领取《食品流通许可证》，并按照属地管辖的原则，由当地工商行政管理机关依法监督检查。

对《食品卫生许可证》继续有效的食品经营者，工商行政管理机关应当按照《中华人民共和国食品安全法》、《中华人民共和国食品安全法实施条例》及本办法的规定，定期或者不定期进行监督检查。

第四十一条　实施食品流通许可所需的经费，应当列入本行政机关预算。

第四十二条　省、自治区、直辖市工商行政管理局可以根据本地实际情况，制订具体实施办法。

第四十三条　本办法由国家工商行政管理总局负责解释。

第四十四条　本办法自公布之日起施行。

二〇〇九年七月三十日

二、中华人民共和国食品安全法

中华人民共和国主席令 第九号——中华人民共和国食品安全法

《中华人民共和国食品安全法》已由中华人民共和国第十一届全国人民代表大会常务委员会第七次会议于2009年2月28日通过，现予公布，自2009年6月1日起施行。

中华人民共和国主席　胡锦涛
2009年2月28日

第一章　总　　则

第一条　为保证食品安全，保障公众身体健康和生命安全，制订本法。

第二条　在中华人民共和国境内从事下列活动，应当遵守本法：

（一）食品生产和加工（以下称食品生产），食品流通和餐饮服务（以下称食品经营）。

（二）食品添加剂的生产经营。

（三）用于食品的包装材料、容器、洗涤剂、消毒剂和用于食品生产经营的工具、设备（以下称食品相关产品）的生产经营。

（四）食品生产经营者使用食品添加剂、食品相关产品。

（五）对食品、食品添加剂和食品相关产品的安全管理。

供食用的源于农业的初级产品（以下称食用农产品）的质量安全管理，遵守《中华人民共和国农产品质量安全法》的规定。但是，制订有关食用农产品的质量安全标准、公布食用农产品安全有关信息，应当遵守本法的有关规定。

第三条　食品生产经营者应当依照法律、法规和食品安全标准从事生产经营活动，对社会和公众负责，保证食品安全，接受社会监督，承担社会责任。

第四条　国务院设立食品安全委员会，其工作职责由国务院规定。

国务院卫生行政部门承担食品安全综合协调职责，负责食品安全风险评估、食品安全标准制订、食品安全信息公布、食品检验机构的资质认定条件和检验规范的制订，组织查处食品安全重大事故。

国务院质量监督、工商行政管理和国家食品药品监督管理部门依照本法和国务院规定的职责，分别对食品生产、食品流通、餐饮服务活动实施监督管理。

第五条　县级以上地方人民政府统一负责、领导、组织、协调本行政区域的食品安全监督管理工作，建立健全食品安全全程监督管理的工作机制；统一领导、指挥食品安全突发事件应对工作；完善、落实食品安全监督管理责任制，对食品安全监督管理部门进行评议、考核。

县级以上地方人民政府依照本法和国务院的规定确定本级卫生行政、农业行政、质量监督、工商行政管理、食品药品监督管理部门的食品安全监督管理职责。有关部门在各自职责范围内负责本行政区域的食品安全监督管理工作。

上级人民政府所属部门在下级行政区域设置的机构应当在所在地人民政府的统一组织、协调下，依法做好食品安全监督管理工作。

第六条　县级以上卫生行政、农业行政、质量监督、工商行政管理、食品药品监督管理部门应当加强沟通、密切配合，按照各自职责分工，依法行使职权，承担责任。

第七条　食品行业协会应当加强行业自律，引导食品生产经营者依法生产经营，推动行业诚信建设，宣传、普及食品安全知识。

第八条　国家鼓励社会团体、基层群众性自治组织开展食品安全法律、法规以及食品安全标准和知识的普及工作，倡导健康的饮食方式，增强消费者食品安全意识和自我保护能力。

新闻媒体应当开展食品安全法律、法规以及食品安全标准和知识的公益宣传，并对违反本法的行为进行舆论监督。

第九条　国家鼓励和支持开展与食品安全有关的基础研究和应用研究，鼓励和支持食品生产经营者为提高食品安全水平采用先进技术和先进管理规范。

第十条　任何组织或者个人有权举报食品生产经营中违反本法的行为，有权向有关

部门了解食品安全信息，对食品安全监督管理工作提出意见和建议。

第二章 食品安全风险监测和评估

第十一条 国家建立食品安全风险监测制度，对食源性疾病、食品污染以及食品中的有害因素进行监测。

国务院卫生行政部门会同国务院有关部门制订、实施国家食品安全风险监测计划。省、自治区、直辖市人民政府卫生行政部门根据国家食品安全风险监测计划，结合本行政区域的具体情况，组织制订、实施本行政区域的食品安全风险监测方案。

第十二条 国务院农业行政、质量监督、工商行政管理和国家食品药品监督管理等有关部门获知有关食品安全风险信息后，应当立即向国务院卫生行政部门通报。国务院卫生行政部门会同有关部门对信息核实后，应当及时调整食品安全风险监测计划。

第十三条 国家建立食品安全风险评估制度，对食品、食品添加剂中生物性、化学性和物理性危害进行风险评估。

国务院卫生行政部门负责组织食品安全风险评估工作，成立由医学、农业、食品、营养等方面的专家组成的食品安全风险评估专家委员会进行食品安全风险评估。

对农药、肥料、生长调节剂、兽药、饲料和饲料添加剂等的安全性评估，应当有食品安全风险评估专家委员会的专家参加。

食品安全风险评估应当运用科学方法，根据食品安全风险监测信息、科学数据以及其他有关信息进行。

第十四条 国务院卫生行政部门通过食品安全风险监测或者接到举报发现食品可能存在安全隐患的，应当立即组织进行检验和食品安全风险评估。

第十五条 国务院农业行政、质量监督、工商行政管理和国家食品药品监督管理等有关部门应当向国务院卫生行政部门提出食品安全风险评估的建议，并提供有关信息和资料。

国务院卫生行政部门应当及时向国务院有关部门通报食品安全风险评估的结果。

第十六条 食品安全风险评估结果是制订、修订食品安全标准和对食品安全实施监督管理的科学依据。

食品安全风险评估结果得出食品不安全结论的，国务院质量监督、工商行政管理和国家食品药品监督管理部门应当依据各自职责立即采取相应措施，确保该食品停止生产经营，并告知消费者停止食用；需要制订、修订相关食品安全国家标准的，国务院卫生行政部门应当立即制订、修订。

第十七条 国务院卫生行政部门应当会同国务院有关部门，根据食品安全风险评估结果、食品安全监督管理信息，对食品安全状况进行综合分析。对经综合分析表明可能具有较高程度安全风险的食品，国务院卫生行政部门应当及时提出食品安全风险警示，并予以公布。

第三章　食品安全标准

第十八条　制订食品安全标准，应当以保障公众身体健康为宗旨，做到科学合理、安全可靠。

第十九条　食品安全标准是强制执行的标准。除食品安全标准外，不得制订其他的食品强制性标准。

第二十条　食品安全标准应当包括下列内容：

（一）食品、食品相关产品中的致病性微生物、农药残留、兽药残留、重金属、污染物质以及其他危害人体健康物质的限量规定。

（二）食品添加剂的品种、使用范围、用量。

（三）专供婴幼儿和其他特定人群的主辅食品的营养成分要求。

（四）对与食品安全、营养有关的标签、标识、说明书的要求。

（五）食品生产经营过程的卫生要求。

（六）与食品安全有关的质量要求。

（七）食品检验方法与规程。

（八）其他需要制订为食品安全标准的内容。

第二十一条　食品安全国家标准由国务院卫生行政部门负责制订、公布，国务院标准化行政部门提供国家标准编号。

食品中农药残留、兽药残留的限量规定及其检验方法与规程由国务院卫生行政部门、国务院农业行政部门制订。

屠宰畜、禽的检验规程由国务院有关主管部门会同国务院卫生行政部门制订。

有关产品国家标准涉及食品安全国家标准规定内容的，应当与食品安全国家标准相一致。

第二十二条　国务院卫生行政部门应当对现行的食用农产品质量安全标准、食品卫生标准、食品质量标准和有关食品的行业标准中强制执行的标准予以整合，统一公布为食品安全国家标准。

本法规定的食品安全国家标准公布前，食品生产经营者应当按照现行食用农产品质量安全标准、食品卫生标准、食品质量标准和有关食品的行业标准生产经营食品。

第二十三条　食品安全国家标准应当经食品安全国家标准审评委员会审查通过。食品安全国家标准审评委员会由医学、农业、食品、营养等方面的专家以及国务院有关部门的代表组成。

制订食品安全国家标准，应当依据食品安全风险评估结果并充分考虑食用农产品质量安全风险评估结果，参照相关的国际标准和国际食品安全风险评估结果，并广泛听取食品生产经营者和消费者的意见。

第二十四条　没有食品安全国家标准的，可以制订食品安全地方标准。

省、自治区、直辖市人民政府卫生行政部门组织制订食品安全地方标准，应当参照执行本法有关食品安全国家标准制订的规定，并报国务院卫生行政部门备案。

第二十五条 企业生产的食品没有食品安全国家标准或者地方标准的，应当制订企业标准，作为组织生产的依据。国家鼓励食品生产企业制订严于食品安全国家标准或者地方标准的企业标准。企业标准应当报省级卫生行政部门备案，在本企业内部适用。

第二十六条 食品安全标准应当供公众免费查阅。

第四章 食品生产经营

第二十七条 食品生产经营应当符合食品安全标准，并符合下列要求：

（一）具有与生产经营的食品品种、数量相适应的食品原料处理和食品加工、包装、储存等场所，保持该场所环境整洁，并与有毒、有害场所以及其他污染源保持规定的距离。

（二）具有与生产经营的食品品种、数量相适应的生产经营设备或者设施，有相应的消毒、更衣、盥洗、采光、照明、通风、防腐、防尘、防蝇、防鼠、防虫、洗涤以及处理废水、存放垃圾和废弃物的设备或者设施。

（三）有食品安全专业技术人员、管理人员和保证食品安全的规章制度。

（四）具有合理的设备布局和工艺流程，防止待加工食品与直接入口食品、原料与成品交叉污染，避免食品接触有毒物、不洁物。

（五）餐具、饮具和盛放直接入口食品的容器，使用前应当洗净、消毒，炊具、用具用后应当洗净，保持清洁。

（六）储存、运输和装卸食品的容器、工具和设备应当安全、无害，保持清洁，防止食品污染，并符合保证食品安全所需的温度等特殊要求，不得将食品与有毒、有害物品一同运输。

（七）直接入口的食品应当有小包装或者使用无毒、清洁的包装材料、餐具。

（八）食品生产经营人员应当保持个人卫生，生产经营食品时，应当将手洗净，穿戴清洁的工作衣、帽；销售无包装的直接入口食品时，应当使用无毒、清洁的售货工具。

（九）用水应当符合国家规定的生活饮用水卫生标准。

（十）使用的洗涤剂、消毒剂应当对人体安全、无害。

（十一）法律、法规规定的其他要求。

第二十八条 禁止生产经营下列食品：

（一）用非食品原料生产的食品或者添加食品添加剂以外的化学物质和其他可能危害人体健康物质的食品，或者用回收食品作为原料生产的食品。

（二）致病性微生物、农药残留、兽药残留、重金属、污染物质以及其他危害人体健康的物质含量超过食品安全标准限量的食品。

（三）营养成分不符合食品安全标准的专供婴幼儿和其他特定人群的主辅食品。

（四）腐败变质、油脂酸败、霉变生虫、污秽不洁、混有异物、掺假掺杂或者感官性状异常的食品。

（五）病死、毒死或者死因不明的禽、畜、兽、水产动物肉类及其制品。

（六）未经动物卫生监督机构检疫或者检疫不合格的肉类，或者未经检验或者检验不合格的肉类制品。

（七）被包装材料、容器、运输工具等污染的食品。

（八）超过保质期的食品。

（九）无标签的预包装食品。

（十）国家为防病等特殊需要明令禁止生产经营的食品

（十一）其他不符合食品安全标准或者要求的食品。

第二十九条 国家对食品生产经营实行许可制度。从事食品生产、食品流通、餐饮服务，应当依法取得食品生产许可、食品流通许可、餐饮服务许可。

取得食品生产许可的食品生产者在其生产场所销售其生产的食品，不需要取得食品流通的许可；取得餐饮服务许可的餐饮服务提供者在其餐饮服务场所出售其制作加工的食品，不需要取得食品生产和流通的许可；农民个人销售其自产的食用农产品，不需要取得食品流通的许可。

食品生产加工小作坊和食品摊贩从事食品生产经营活动，应当符合本法规定的与其生产经营规模、条件相适应的食品安全要求，保证所生产经营的食品卫生、无毒、无害，有关部门应当对其加强监督管理，具体管理办法由省、自治区、直辖市人民代表大会常务委员会依照本法制订。

第三十条 县级以上地方人民政府鼓励食品生产加工小作坊改进生产条件；鼓励食品摊贩进入集中交易市场、店铺等固定场所经营。

第三十一条 县级以上质量监督、工商行政管理、食品药品监督管理部门应当依照《中华人民共和国行政许可法》的规定，审核申请人提交的本法第二十七条第一项至第四项规定要求的相关资料，必要时对申请人的生产经营场所进行现场核查；对符合规定条件的，决定准予许可；对不符合规定条件的，决定不予许可并书面说明理由。

第三十二条 食品生产经营企业应当建立健全本单位的食品安全管理制度，加强对职工食品安全知识的培训，配备专职或者兼职食品安全管理人员，做好对所生产经营食品的检验工作，依法从事食品生产经营活动。

第三十三条 国家鼓励食品生产经营企业符合良好生产规范要求，实施危害分析与关键控制点体系，提高食品安全管理水平。

对通过良好生产规范、危害分析与关键控制点体系认证的食品生产经营企业，认证机构应当依法实施跟踪调查；对不再符合认证要求的企业，应当依法撤销认证，及时向有关质量监督、工商行政管理、食品药品监督管理部门通报，并向社会公布。认证机构实施跟踪调查不收取任何费用。

第三十四条 食品生产经营者应当建立并执行从业人员健康管理制度。患有痢疾、

伤寒、病毒性肝炎等消化道传染病的人员，以及患有活动性肺结核、化脓性或者渗出性皮肤病等有碍食品安全的疾病的人员，不得从事接触直接入口食品的工作。

食品生产经营人员每年应当进行健康检查，取得健康证明后方可参加工作。

第三十五条 食用农产品生产者应当依照食品安全标准和国家有关规定使用农药、肥料、生长调节剂、兽药、饲料和饲料添加剂等农业投入品。食用农产品的生产企业和农民专业合作经济组织应当建立食用农产品生产记录制度。

县级以上农业行政部门应当加强对农业投入品使用的管理和指导，建立健全农业投入品的安全使用制度。

第三十六条 食品生产者采购食品原料、食品添加剂、食品相关产品，应当查验供货者的许可证和产品合格证明文件；对无法提供合格证明文件的食品原料，应当依照食品安全标准进行检验；不得采购或者使用不符合食品安全标准的食品原料、食品添加剂、食品相关产品。

食品生产企业应当建立食品原料、食品添加剂、食品相关产品进货查验记录制度，如实记录食品原料、食品添加剂、食品相关产品的名称、规格、数量、供货者名称及联系方式、进货日期等内容。

食品原料、食品添加剂、食品相关产品进货查验记录应当真实，保存期限不得少于二年。

第三十七条 食品生产企业应当建立食品出厂检验记录制度，查验出厂食品的检验合格证和安全状况，并如实记录食品的名称、规格、数量、生产日期、生产批号、检验合格证号、购货者名称及联系方式、销售日期等内容。

食品出厂检验记录应当真实，保存期限不得少于二年。

第三十八条 食品、食品添加剂和食品相关产品的生产者，应当依照食品安全标准对所生产的食品、食品添加剂和食品相关产品进行检验，检验合格后方可出厂或者销售。

第三十九条 食品经营者采购食品，应当查验供货者的许可证和食品合格的证明文件。

食品经营企业应当建立食品进货查验记录制度，如实记录食品的名称、规格、数量、生产批号、保质期、供货者名称及联系方式、进货日期等内容。

食品进货查验记录应当真实，保存期限不得少于二年。

实行统一配送经营方式的食品经营企业，可以由企业总部统一查验供货者的许可证和食品合格的证明文件，进行食品进货查验记录。

第四十条 食品经营者应当按照保证食品安全的要求储存食品，定期检查库存食品，及时清理变质或者超过保质期的食品。

第四十一条 食品经营者储存散装食品，应当在储存位置标明食品的名称、生产日期、保质期、生产者名称及联系方式等内容。

食品经营者销售散装食品，应当在散装食品的容器、外包装上标明食品的名称、生产日期、保质期、生产经营者名称及联系方式等内容。

第四十二条 预包装食品的包装上应当有标签。标签应当标明下列事项：

（一）名称、规格、净含量、生产日期。

（二）成分或者配料表。

（三）生产者的名称、地址、联系方式。

（四）保质期。

（五）产品标准代号。

（六）储存条件。

（七）所使用的食品添加剂在国家标准中的通用名称。

（八）生产许可证编号。

（九）法律、法规或者食品安全标准规定必须标明的其他事项。

专供婴幼儿和其他特定人群的主辅食品，其标签还应当标明主要营养成分及其含量。

第四十三条 国家对食品添加剂的生产实行许可制度。申请食品添加剂生产许可的条件、程序，按照国家有关工业产品生产许可证管理的规定执行。

第四十四条 申请利用新的食品原料从事食品生产或者从事食品添加剂新品种、食品相关产品新品种生产活动的单位或者个人，应当向国务院卫生行政部门提交相关产品的安全性评估材料。国务院卫生行政部门应当自收到申请之日起六十日内组织对相关产品的安全性评估材料进行审查；对符合食品安全要求的，依法决定准予许可并予以公布；对不符合食品安全要求的，决定不予许可并书面说明理由。

第四十五条 食品添加剂应当在技术上确有必要且经过风险评估证明安全可靠，方可列入允许使用的范围。国务院卫生行政部门应当根据技术必要性和食品安全风险评估结果，及时对食品添加剂的品种、使用范围、用量的标准进行修订。

第四十六条 食品生产者应当依照食品安全标准关于食品添加剂的品种、使用范围、用量的规定使用食品添加剂；不得在食品生产中使用食品添加剂以外的化学物质和其他可能危害人体健康的物质。

第四十七条 食品添加剂应当有标签、说明书和包装。标签、说明书应当载明本法第四十二条第一款第一项至第六项、第八项、第九项规定的事项，以及食品添加剂的使用范围、用量、使用方法，并在标签上载明“食品添加剂”字样。

第四十八条 食品和食品添加剂的标签、说明书，不得含有虚假、夸大的内容，不得涉及疾病预防、治疗功能。生产者对标签、说明书上所载明的内容负责。

食品和食品添加剂的标签、说明书应当清楚、明显，容易辨识。

食品和食品添加剂与其标签、说明书所载明的内容不符的，不得上市销售。

第四十九条 食品经营者应当按照食品标签标示的警示标志、警示说明或者注意事

项的要求，销售预包装食品。

第五十条 生产经营的食品中不得添加药品，但是可以添加按照传统既是食品又是中药材的物质。按照传统既是食品又是中药材的物质的目录由国务院卫生行政部门制订、公布。

第五十一条 国家对声称具有特定保健功能的食品实行严格监管。有关监督管理部门应当依法履职，承担责任。具体管理办法由国务院规定。

声称具有特定保健功能的食品不得对人体产生急性、亚急性或者慢性危害，其标签、说明书不得涉及疾病预防、治疗功能，内容必须真实，应当载明适宜人群、不适宜人群、功效成分或者标志性成分及其含量等；产品的功能和成分必须与标签、说明书相一致。

第五十二条 集中交易市场的开办者、柜台出租者和展销会举办者，应当审查入场食品经营者的许可证，明确入场食品经营者的食品安全管理责任，定期对入场食品经营者的经营环境和条件进行检查，发现食品经营者有违反本法规定的行为的，应当及时制止并立即报告所在地县级工商行政管理部门或者食品药品监督管理部门。

集中交易市场的开办者、柜台出租者和展销会举办者未履行前款规定义务，本市场发生食品安全事故的，应当承担连带责任。

第五十三条 国家建立食品召回制度。食品生产者发现其生产的食品不符合食品安全标准，应当立即停止生产，召回已经上市销售的食品，通知相关生产经营者和消费者，并记录召回和通知情况。

食品经营者发现其经营的食品不符合食品安全标准，应当立即停止经营，通知相关生产经营者和消费者，并记录停止经营和通知情况。食品生产者认为应当召回的，应当立即召回。

食品生产者应当对召回的食品采取补救、无害化处理、销毁等措施，并将食品召回和处理情况向县级以上质量监督部门报告。

食品生产经营者未依照本条规定召回或者停止经营不符合食品安全标准的食品的，县级以上质量监督、工商行政管理、食品药品监督管理部门可以责令其召回或者停止经营。

第五十四条 食品广告的内容应当真实合法，不得含有虚假、夸大的内容，不得涉及疾病预防、治疗功能。

食品安全监督管理部门或者承担食品检验职责的机构、食品行业协会、消费者协会不得以广告或者其他形式向消费者推荐食品。

第五十五条 社会团体或者其他组织、个人在虚假广告中向消费者推荐食品，使消费者的合法权益受到损害的，与食品生产经营者承担连带责任。

第五十六条 地方各级人民政府鼓励食品规模化生产和连锁经营、配送。

第五章 食品检验

第五十七条 食品检验机构按照国家有关认证认可的规定取得资质认定后，方可从事食品检验活动。但是，法律另有规定的除外。

食品检验机构的资质认定条件和检验规范，由国务院卫生行政部门规定。

本法施行前经国务院有关主管部门批准设立或者经依法认定的食品检验机构，可以依照本法继续从事食品检验活动。

第五十八条 食品检验由食品检验机构指定的检验人独立进行。

检验人应当依照有关法律、法规的规定，并依照食品安全标准和检验规范对食品进行检验，尊重科学，恪守职业道德，保证出具的检验数据和结论客观、公正，不得出具虚假的检验报告。

第五十九条 食品检验实行食品检验机构与检验人负责制。食品检验报告应当加盖食品检验机构公章，并有检验人的签名或者盖章。食品检验机构和检验人对出具的食品检验报告负责。

第六十条 食品安全监督管理部门对食品不得实施免检。

县级以上质量监督、工商行政管理、食品药品监督管理部门应当对食品进行定期或者不定期的抽样检验。进行抽样检验，应当购买抽取的样品，不收取检验费和其他任何费用。

县级以上质量监督、工商行政管理、食品药品监督管理部门在执法工作中需要对食品进行检验的，应当委托符合本法规定的食品检验机构进行，并支付相关费用。对检验结论有异议的，可以依法进行复检。

第六十一条 食品生产经营企业可以自行对所生产的食品进行检验，也可以委托符合本法规定的食品检验机构进行检验。

食品行业协会等组织、消费者需要委托食品检验机构对食品进行检验的，应当委托符合本法规定的食品检验机构进行。

第六章 食品进出口

第六十二条 进口的食品、食品添加剂以及食品相关产品应当符合我国食品安全国家标准。

进口的食品应当经出入境检验检疫机构检验合格后，海关凭出入境检验检疫机构签发的通关证明放行。

第六十三条 进口尚无食品安全国家标准的食品，或者首次进口食品添加剂新品种、食品相关产品新品种，进口商应当向国务院卫生行政部门提出申请并提交相关的安全性评估材料。国务院卫生行政部门依照本法第四十四条的规定作出是否准予许可的决定，并及时制订相应的食品安全国家标准。

第六十四条 境外发生的食品安全事件可能对我国境内造成影响，或者在进口食品

中发现严重食品安全问题的，国家出入境检验检疫部门应当及时采取风险预警或者控制措施，并向国务院卫生行政、农业行政、工商行政管理和国家食品药品监督管理部门通报。接到通报的部门应当及时采取相应措施。

第六十五条　向我国境内出口食品的出口商或者代理商应当向国家出入境检验检疫部门备案。向我国境内出口食品的境外食品生产企业应当经国家出入境检验检疫部门注册。

国家出入境检验检疫部门应当定期公布已经备案的出口商、代理商和已经注册的境外食品生产企业名单。

第六十六条　进口的预包装食品应当有中文标签、中文说明书。标签、说明书应当符合本法以及我国其他有关法律、行政法规的规定和食品安全国家标准的要求，载明食品的原产地以及境内代理商的名称、地址、联系方式。预包装食品没有中文标签、中文说明书或者标签、说明书不符合本条规定的，不得进口。

第六十七条　进口商应当建立食品进口和销售记录制度，如实记录食品的名称、规格、数量、生产日期、生产或者进口批号、保质期、出口商和购货者名称及联系方式、交货日期等内容。

食品进口和销售记录应当真实，保存期限不得少于二年。

第六十八条　出口的食品由出入境检验检疫机构进行监督、抽检，海关凭出入境检验检疫机构签发的通关证明放行。

出口食品生产企业和出口食品原料种植、养殖场应当向国家出入境检验检疫部门备案。

第六十九条　国家出入境检验检疫部门应当收集、汇总进出口食品安全信息，并及时通报相关部门、机构和企业。

国家出入境检验检疫部门应当建立进出口食品的进口商、出口商和出口食品生产企业的信誉记录，并予以公布。对有不良记录的进口商、出口商和出口食品生产企业，应当加强对其进出口食品的检验检疫。

第七章　食品安全事故处置

第七十条　国务院组织制订国家食品安全事故应急预案。

县级以上地方人民政府应当根据有关法律、法规的规定和上级人民政府的食品安全事故应急预案以及本地区的实际情况，制订本行政区域的食品安全事故应急预案，并报上一级人民政府备案。

食品生产经营企业应当制订食品安全事故处置方案，定期检查本企业各项食品安全防范措施的落实情况，及时消除食品安全事故隐患。

第七十一条　发生食品安全事故的单位应当立即予以处置，防止事故扩大。事故发生单位和接收病人进行治疗的单位应当及时向事故发生地县级卫生行政部门报告。

农业行政、质量监督、工商行政管理、食品药品监督管理部门在日常监督管理中发现食品安全事故，或者接到有关食品安全事故的举报，应当立即向卫生行政部门通报。

发生重大食品安全事故的，接到报告的县级卫生行政部门应当按照规定向本级人民政府和上级人民政府卫生行政部门报告。县级人民政府和上级人民政府卫生行政部门应当按照规定上报。

任何单位或者个人不得对食品安全事故隐瞒、谎报、缓报，不得毁灭有关证据。

第七十二条 县级以上卫生行政部门接到食品安全事故的报告后，应当立即会同有关农业行政、质量监督、工商行政管理、食品药品监督管理部门进行调查处理，并采取下列措施，防止或者减轻社会危害：

（一）开展应急救援工作，对因食品安全事故导致人身伤害的人员，卫生行政部门应当立即组织救治。

（二）封存可能导致食品安全事故的食品及其原料，并立即进行检验；对确认属于被污染的食品及其原料，责令食品生产经营者依照本法第五十三条的规定予以召回、停止经营并销毁。

（三）封存被污染的食品用工具及用具，并责令进行清洗消毒。

（四）做好信息发布工作，依法对食品安全事故及其处理情况进行发布，并对可能产生的危害加以解释、说明。

发生重大食品安全事故的，县级以上人民政府应当立即成立食品安全事故处置指挥机构，启动应急预案，依照前款规定进行处置。

第七十三条 发生重大食品安全事故，设区的市级以上人民政府卫生行政部门应当立即会同有关部门进行事故责任调查，督促有关部门履行职责，向本级人民政府提出事故责任调查处理报告。

重大食品安全事故涉及两个以上省、自治区、直辖市的，由国务院卫生行政部门依照前款规定组织事故责任调查。

第七十四条 发生食品安全事故，县级以上疾病预防控制机构应当协助卫生行政部门和有关部门对事故现场进行卫生处理，并对与食品安全事故有关的因素开展流行病学调查。

第七十五条 调查食品安全事故，除了查明事故单位的责任，还应当查明负有监督管理和认证职责的监督管理部门、认证机构的工作人员失职、渎职情况。

第八章 监督管理

第七十六条 县级以上地方人民政府组织本级卫生行政、农业行政、质量监督、工商行政管理、食品药品监督管理部门制订本行政区域的食品安全年度监督管理计划，并按照年度计划组织开展工作。

第七十七条 县级以上质量监督、工商行政管理、食品药品监督管理部门履行各自食品安全监督管理职责，有权采取下列措施：

（一）进入生产经营场所实施现场检查。

（二）对生产经营的食品进行抽样检验。

（三）查阅、复制有关合同、票据、账簿以及其他有关资料。

（四）查封、扣押有证据证明不符合食品安全标准的食品，违法使用的食品原料、食品添加剂、食品相关产品，以及用于违法生产经营或者被污染的工具、设备。

（五）查封违法从事食品生产经营活动的场所。

县级以上农业行政部门应当依照《中华人民共和国农产品质量安全法》规定的职责，对食用农产品进行监督管理。

第七十八条　县级以上质量监督、工商行政管理、食品药品监督管理部门对食品生产经营者进行监督检查，应当记录监督检查的情况和处理结果。监督检查记录经监督检查人员和食品生产经营者签字后归档。

第七十九条　县级以上质量监督、工商行政管理、食品药品监督管理部门应当建立食品生产经营者食品安全信用档案，记录许可颁发、日常监督检查结果、违法行为查处等情况；根据食品安全信用档案的记录，对有不良信用记录的食品生产经营者增加监督检查频次。

第八十条　县级以上卫生行政、质量监督、工商行政管理、食品药品监督管理部门接到咨询、投诉、举报，对属于本部门职责的，应当受理，并及时进行答复、核实、处理；对不属于本部门职责的，应当书面通知并移交有权处理的部门处理。有权处理的部门应当及时处理，不得推诿；属于食品安全事故的，依照本法第七章有关规定进行处置。

第八十一条　县级以上卫生行政、质量监督、工商行政管理、食品药品监督管理部门应当按照法定权限和程序履行食品安全监督管理职责；对生产经营者的同一违法行为，不得给予二次以上罚款的行政处罚；涉嫌犯罪的，应当依法向公安机关移送。

第八十二条　国家建立食品安全信息统一公布制度。下列信息由国务院卫生行政部门统一公布：

（一）国家食品安全总体情况。

（二）食品安全风险评估信息和食品安全风险警示信息。

（三）重大食品安全事故及其处理信息。

（四）其他重要的食品安全信息和国务院确定的需要统一公布的信息。

前款第二项、第三项规定的信息，其影响限于特定区域的，也可以由有关省、自治区、直辖市人民政府卫生行政部门公布。县级以上农业行政、质量监督、工商行政管理、食品药品监督管理部门依据各自职责公布食品安全日常监督管理信息。

食品安全监督管理部门公布信息，应当做到准确、及时、客观。

第八十三条　县级以上地方卫生行政、农业行政、质量监督、工商行政管理、食品药品监督管理部门获知本法第八十二条第一款规定的需要统一公布的信息，应当向上级主管部门报告，由上级主管部门立即报告国务院卫生行政部门；必要时，可以直接向国

务院卫生行政部门报告。

县级以上卫生行政、农业行政、质量监督、工商行政管理、食品药品监督管理部门应当相互通报获知的食品安全信息。

第九章　法 律 责 任

第八十四条　违反本法规定，未经许可从事食品生产经营活动，或者未经许可生产食品添加剂的，由有关主管部门按照各自职责分工，没收违法所得、违法生产经营的食品、食品添加剂和用于违法生产经营的工具、设备、原料等物品；违法生产经营的食品、食品添加剂货值金额不足一万元的，并处二千元以上五万元以下罚款；货值金额一万元以上的，并处货值金额5倍以上10倍以下罚款。

第八十五条　违反本法规定，有下列情形之一的，由有关主管部门按照各自职责分工，没收违法所得、违法生产经营的食品和用于违法生产经营的工具、设备、原料等物品；违法生产经营的食品货值金额不足一万元的，并处二千元以上五万元以下罚款；货值金额一万元以上的，并处货值金额5倍以上10倍以下罚款；情节严重的，吊销许可证：

（一）用非食品原料生产食品或者在食品中添加食品添加剂以外的化学物质和其他可能危害人体健康的物质，或者用回收食品作为原料生产食品。

（二）生产经营致病性微生物、农药残留、兽药残留、重金属、污染物质以及其他危害人体健康的物质含量超过食品安全标准限量的食品。

（三）生产经营营养成分不符合食品安全标准的专供婴幼儿和其他特定人群的主辅食品。

（四）经营腐败变质、油脂酸败、霉变生虫、污秽不洁、混有异物、掺假掺杂或者感官性状异常的食品。

（五）经营病死、毒死或者死因不明的禽、畜、兽、水产动物肉类，或者生产经营病死、毒死或者死因不明的禽、畜、兽、水产动物肉类的制品。

（六）经营未经动物卫生监督机构检疫或者检疫不合格的肉类，或者生产经营未经检验或者检验不合格的肉类制品。

（七）经营超过保质期的食品。

（八）生产经营国家为防病等特殊需要明令禁止生产经营的食品。

（九）利用新的食品原料从事食品生产或者从事食品添加剂新品种、食品相关产品新品种生产，未经过安全性评估。

（十）食品生产经营者在有关主管部门责令其召回或者停止经营不符合食品安全标准的食品后，仍拒不召回或者停止经营的。

第八十六条　违反本法规定，有下列情形之一的，由有关主管部门按照各自职责分工，没收违法所得、违法生产经营的食品和用于违法生产经营的工具、设备、原料等物品；违法生产经营的食品货值金额不足一万元的，并处二千元以上五万元以下罚款；货值金额一万元以上的，并处货值金额二倍以上5倍以下罚款；情节严重的，责令停产停业，直至吊销许可证：

（一）经营被包装材料、容器、运输工具等污染的食品。

（二）生产经营无标签的预包装食品、食品添加剂或者标签、说明书不符合本法规定的食品、食品添加剂。

（三）食品生产者采购、使用不符合食品安全标准的食品原料、食品添加剂、食品相关产品。

（四）食品生产经营者在食品中添加药品。

第八十七条　违反本法规定，有下列情形之一的，由有关主管部门按照各自职责分工，责令改正，给予警告；拒不改正的，处二千元以上二万元以下罚款；情节严重的，责令停产停业，直至吊销许可证。

（一）未对采购的食品原料和生产的食品、食品添加剂、食品相关产品进行检验。

（二）未建立并遵守查验记录制度、出厂检验记录制度。

（三）制订食品安全企业标准未依照本法规定备案。

（四）未按规定要求贮存、销售食品或者清理库存食品。

（五）进货时未查验许可证和相关证明文件。

（六）生产的食品、食品添加剂的标签、说明书涉及疾病预防、治疗功能。

（七）安排患有本法第三十四条所列疾病的人员从事接触直接入口食品的工作。

第八十八条　违反本法规定，事故单位在发生食品安全事故后未进行处置、报告的，由有关主管部门按照各自职责分工，责令改正，给予警告；毁灭有关证据的，责令停产停业，并处二千元以上十万元以下罚款；造成严重后果的，由原发证部门吊销许可证。

第八十九条　违反本法规定，有下列情形之一的，依照本法第八十五条的规定给予处罚：

（一）进口不符合我国食品安全国家标准的食品。

（二）进口尚无食品安全国家标准的食品，或者首次进口食品添加剂新品种、食品相关产品新品种，未经过安全性评估。

（三）出口商未遵守本法的规定出口食品。

违反本法规定，进口商未建立并遵守食品进口和销售记录制度的，依照本法第八十七条的规定给予处罚。

第九十条　违反本法规定，集中交易市场的开办者、柜台出租者、展销会的举办者允许未取得许可的食品经营者进入市场销售食品，或者未履行检查、报告等义务的，由有关主管部门按照各自职责分工，处二千元以上五万元以下罚款；造成严重后果的，责令停业，由原发证部门吊销许可证。

第九十一条　违反本法规定，未按照要求进行食品运输的，由有关主管部门按照各自职责分工，责令改正，给予警告；拒不改正的，责令停产停业，并处二千元以上五万元以下罚款；情节严重的，由原发证部门吊销许可证。

第九十二条 被吊销食品生产、流通或者餐饮服务许可证的单位，其直接负责的主管人员自处罚决定做出之日起五年内不得从事食品生产经营管理工作。

食品生产经营者聘用不得从事食品生产经营管理工作的人员从事管理工作的，由原发证部门吊销许可证。

第九十三条 违反本法规定，食品检验机构、食品检验人员出具虚假检验报告的，由授予其资质的主管部门或者机构撤销该检验机构的检验资格；依法对检验机构直接负责的主管人员和食品检验人员给予撤职或者开除的处分。

违反本法规定，受到刑事处罚或者开除处分的食品检验机构人员，自刑罚执行完毕或者处分决定作出之日起十年内不得从事食品检验工作。食品检验机构聘用不得从事食品检验工作的人员的，由授予其资质的主管部门或者机构撤销该检验机构的检验资格。

第九十四条 违反本法规定，在广告中对食品质量作虚假宣传，欺骗消费者的，依照《中华人民共和国广告法》的规定给予处罚。

违反本法规定，食品安全监督管理部门或者承担食品检验职责的机构、食品行业协会、消费者协会以广告或者其他形式向消费者推荐食品的，由有关主管部门没收违法所得，依法对直接负责的主管人员和其他直接责任人员给予记大过、降级或者撤职的处分。

第九十五条 违反本法规定，县级以上地方人民政府在食品安全监督管理中未履行职责，本行政区域出现重大食品安全事故、造成严重社会影响的，依法对直接负责的主管人员和其他直接责任人员给予记大过、降级、撤职或者开除的处分。

违反本法规定，县级以上卫生行政、农业行政、质量监督、工商行政管理、食品药品监督管理部门或者其他有关行政部门不履行本法规定的职责或者滥用职权、玩忽职守、徇私舞弊的，依法对直接负责的主管人员和其他直接责任人员给予记大过或者降级的处分；造成严重后果的，给予撤职或者开除的处分；其主要负责人应当引咎辞职。

第九十六条 违反本法规定，造成人身、财产或者其他损害的，依法承担赔偿责任。

生产不符合食品安全标准的食品或者销售明知是不符合食品安全标准的食品，消费者除要求赔偿损失外，还可以向生产者或者销售者要求支付价款十倍的赔偿金。

第九十七条 违反本法规定，应当承担民事赔偿责任和缴纳罚款、罚金，其财产不足以同时支付时，先承担民事赔偿责任。

第九十八条 违反本法规定，构成犯罪的，依法追究刑事责任。

第十章 附 则

第九十九条 本法下列用语的含义：

食品，指各种供人食用或者饮用的成品和原料以及按照传统既是食品又是药品的物

品，但是不包括以治疗为目的的物品。

食品安全，指食品无毒、无害，符合应当有的营养要求，对人体健康不造成任何急性、亚急性或者慢性危害。

预包装食品，指预先定量包装或者制作在包装材料和容器中的食品。

食品添加剂，指为改善食品品质和色、香、味以及为防腐、保鲜和加工工艺的需要而加入食品中的人工合成或者天然物质。

用于食品的包装材料和容器，指包装、盛放食品或者食品添加剂用的纸、竹、木、金属、搪瓷、陶瓷、塑料、橡胶、天然纤维、化学纤维、玻璃等制品和直接接触食品或者食品添加剂的涂料。

用于食品生产经营的工具、设备，指在食品或者食品添加剂生产、流通、使用过程中直接接触食品或者食品添加剂的机械、管道、传送带、容器、用具、餐具等。

用于食品的洗涤剂、消毒剂，指直接用于洗涤或者消毒食品、餐饮具以及直接接触食品的工具、设备或者食品包装材料和容器的物质。

保质期，指预包装食品在标签指明的储存条件下保持品质的期限。

食源性疾病，指食品中致病因素进入人体引起的感染性、中毒性等疾病。

食物中毒，指食用了被有毒有害物质污染的食品或者食用了含有毒有害物质的食品后出现的急性、亚急性疾病。

食品安全事故，指食物中毒、食源性疾病、食品污染等源于食品，对人体健康有危害或者可能有危害的事故。

第一百条 食品生产经营者在本法施行前已经取得相应许可证的，该许可证继续有效。

第一百零一条 乳品、转基因食品、生猪屠宰、酒类和食盐的食品安全管理，适用本法；法律、行政法规另有规定的，依照其规定。

第一百零二条 铁路运营中食品安全的管理办法由国务院卫生行政部门会同国务院有关部门依照本法制订。

军队专用食品和自供食品的食品安全管理办法由中央军事委员会依照本法制订。

第一百零三条 国务院根据实际需要，可以对食品安全监督管理体制作出调整。

第一百零四条 本法自2009年6月1日起施行。《中华人民共和国食品卫生法》同时废止。

附录三　与快餐行业相关的质量安全管理控制体系

一、HACCP食品安全控制体系标准简介

1. HACCP的概念

HACCP是危害分析关键控制点（Hazard Analysis Critical Control Point）的缩写，是食品安全的控制体系。

2. HACCP的由来和发展

——20世纪60年代起源于美国的人造空间计划，对象仅为食品微生物安全系统；

——随后被食品界和政府机构采用；

——20世纪80年代初，世界卫生组织/联合国粮农组织向发展中国家推广该系统；

——1989年，美国国家食品微生物标准顾问委员会（NACMCF）将该系统现代化并标化；

——1991年，HACCPA扩展到微生物、化学和物理三方面食品以及这三方面结合的危害控制。

3. HACCP应用的范围

HACCP用于保证食品链的所有阶段的食品安全，应用范围包括原材料供应直到成品储存、发送到零售环节直费终点。

4. HACCP在国际上的应用

联合国食品经典委员会、欧共体、加拿大、美国、日本。

5. HACCP与传统的检验方法的比较

传统的检验方法事情发生了才采取行动——反应型（亡羊补牢）。

HACCP在事情发生之前采取预防——预防型（防患于未然）。

6. HACCP的益处

HACCP是全球认同的食品安全体系。促进食品生产者/经营者对自己的产品和加工工艺的认识和分析。节约成本。获得消费者的信任。是对品质保证体系的补充。

7. 如何建立 HACCP 体系

前提方案
——卫生控制；
——良好的生产规范 GMP；
——有效的培训体系；
——预防维修计划；
——产品收回方案；
——产品识别和编码系统。
其中良好的生产规范（GMP）与卫生控制是关键的前提方案。
预备步骤 1
——管理层的承诺；
——适当的 HACCP 培训；
——HACCP 小组的有效组建；
——了解产品的预期用途和消费者；
——编制和审核加工流程图。
重点步骤 1
——进行危害分析并确定控制措施；
——确定关键控制点；
——建立关键控制限度；
——对关键控制点进行监控；
——对关键控制限度的偏差采取纠正措施；
——建立验证程序；
——建立文件保存系统。

8. 对 HACCP 的说明

HACCP 不是一个零风险体系。

不同的变化因素会对 HACCP 体系造成影响。如原料、设备或加工方法的改变等。必须不断对 HACCP 体系进行回顾。

9. HACCP 与 ISO9000 的关系（附表 1）

10. HACCP 认证——HACCP 的分类

HACCP 针对不同的认证范围设定了分类代号，其对应关系见附表 2。

附表 1　HACCP 与 ISO9000 的关系

HACCP		ISO9001：1994	ISO9001：2000	
条款	内容	条款	条款	内容
F1（步骤 1）	方针 HACCP 体系的范围	4.1.1 4.2.1 4.1.2.1	4.1	总要求
			4.2.1	文件要求
			4.2.2	质量手册
			5.1	管理承诺
			5.3	质量方针
			5.4.1	质量目标
	任务职责和权限	4.2.3（b）	5.5.1	职责和权限
			5.4.2	质量管理体系策划
		4.18	6.2.1	总则
			7.1（b&c）	产品实现策划
	HACCP 小组		6.2.1	总则
			6.2.2	能力、意识和培训
F2（步骤 2 和 3）	产品特性	4.2.3（g）	7.1（c）	产品实现策划
	使用特性	4.3 4.5	5.2	以顾客为中心
			4.2.3	文件控制
			7.2	与顾客有关的过程
	流程图	4.2.3	7.1	产品实现策划
F3（步骤 4 和 5）	布局图	4.9 4.15	6.3	基础设施
			6.4	工作环境
			7.5.5	产品防护
	过程信息的控制和确认		8	测量、分析和改进
F4（原则 1）	危害识别	4.4 4.9	6.3	基础设施
			6.4	工作环境
			7.3	设计和开发
			7.5.1	生产和服务提供的控制
	风险分析		8.4	数据分析
	控制措施	4.10 4.12 4.15	7.1	产品实现策划
			7.4.3	采购产品的验证
			7.5.1	生产服务提供的控制
			7.5.3	标志和可追溯性
			7.5.5	产品防护
			8.2.4	产品的监视和测量
			6.3	基础设施
			6.4	工作环境
			7.5	生产和服务提供

续表

HACCP		ISO9001：1994	ISO9001：2000	
条款	内容	条款	条款	内容
F5 （原则 2）	确定关键控制点	4.9 4.10 4.12 4.13 4.15 4.16	8.2.3 7.4.3 7.5.1 8.2.4 7.5.3 8.3 7.5.5 4.2.4	过程的监视和测量 采购产品的验证 生产和服务提供的控制 产品的监视和测量 标志和可追溯性 不合格品的控制 产品防护 质量记录的控制
F6 （原则 3）	标准和临界限度	4.9 4.10 4.13 4.15 4.16	7.4.3 8.2.3 8.2.4 8.3 7.5.5 4.2.4	采购产品的验证 过程的监视和测量 产品的监视和测量 不合格品控制 产品防护 质量记录控制
F7 （原则 4）	关键过程的监控	4.8 4.9 4.10	7.5.3 8.2.3 7.4.3 7.5.1 8.2.4	标志和可追溯性 过程的监视和测量 采购产品的验证 生产和服务提供的控制 产品的监视和测量
	参数	4.11 4.12 4.13 4.15 4.18	7.6 7.5.3 8.3 7.5.5 6.2.1 6.2.2	监视和测量装置的控制 标志和可追溯性 不合格品控制 产品防护 总则 能力、意识和培训
F8 （原则 5）	纠正措施	4.8 4.12 4.13 4.16	7.5.3 8.3 4.2.4	标志和可追溯性 不合格品控制 质量记录控制
F9 （原则 6）	验证	4.6 4.10 4.14.3 4.16 4.17 4.18	7.4 8.2.4 8.2.3 8.4 8.5.3 4.2.4 8.2.2 6.2.1 6.2.2	采购 产品的监视和测量 过程的监视和测量 数据分析 预防措施 质量记录控制 内部审核 总则 能力、意识和培训
F10 （原则 7）	文件和数据控制	4.5	4.2.3	文件控制
	记录	4.16	4.2.4	质量记录控制

附表 2　HACCP 分类号与认证范围

HACCP 分类号		认 证 范 围
HACCP	01	饮料
HACCP	02	面包、糖果、小吃类、马铃薯制品、果仁巧克力
HACCP	03	蛋类及蛋制品
HACCP	04	谷物及面粉制品、淀粉制品、糖
HACCP	05	蔬菜、水果、香料和坚果类
HACCP	06	酒店及餐饮业
HACCP	07	快餐、新鲜沙拉
HACCP	08	色素及维生素
HACCP	09	人造奶油、油脂、酱油、可可
HACCP	10	肉及肉制品
HACCP	11	鱼和海鲜
HACCP	12	牛奶、乳品
HACCP	13	其他

二、BS8600 投诉管理体系标准简介

BS8600 是由英国标准协会（BSI）颁布的一项国际标准，由 SVS/8 技术委员会起草。它提供了设计和实施投诉管理体系的指南，目前世界最新的、应用范围较广的一个国际标准。该标准以国际上一系列一流大公司的实践经验为基础，总结了有效投诉管理的基本原则，适用于各种类型的包括企业、公共机构、政府、非盈利单位团体组织来建立一个有效的投诉管理体系。

BS8600 标准声称建立投诉管理体系既可以增加外部顾客满意，又可以帮助改进组织的总体绩效。

并且该标准和其他的管理体系标准是相容的，如 ISO9001（质量管理体系）、ISO14001（环境管理体系），可以很容易地和其他体系融为一体。

该标准对投诉管理的以下方面做出了规定：

——通过称职的人力资源和培训来管理投诉；

——识别和保持顾客和员工的双方权利；

——为顾客提供一个开放的、有效的和便利的投诉体系；

——运用外部资源，如外部评审计划；

——监视投诉以便于改进服务或产品质量；

——审核体系运作的有效性；

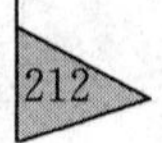

——体系的管理评审。

成功的投诉管理体系具有哪些特点?

系统性：建立了一个以投诉管理方针为核心、以运作流程和规范为基础、以合适的员工及资源协同配合的管理体系，按照策划、实施、检查和处置的闭环对投诉进行管理；

透明性：让顾客知道去何处投诉和如何投诉的信息，让员工知道对每一种投诉情况应如何应对；

便利性：让顾客在供应链的任何一点都可以容易地投诉，并得到最快速的答复；鼓励顾客积极地投诉；

公平性：体系应该对顾客和员工都是公平的。顾客有权利得到公平的对待，员工也不会因为投诉处理而受委屈。

按照BS8600标准实施投诉管理体系可以帮助企业：

让每一个投诉都纳入体系管理，得到妥善解决；让每一个员工都有法可依，按正确的途径处理投诉；

让同样的投诉不再出现；把投诉转化为资源，让投诉管理变成一项增值业务；让不满意的顾客变成忠诚顾客！

三、OHSAS18000安全卫生管理体系标准简介

（一）什么是OHSAS18000系列标准

1. OHSAS18000系列标准

制订OHSAS18000的目的：在于指导组织建立并保持一个可持续改进的安全卫生管理体系；主要用于帮助组织通过经常性和规范化的管理活动实现安全卫生目标与经济目标的统一；支持安全卫生管理，防止工伤和人身事故的发生。

OHSAS18000标准的由来：OHSAS18000的英文全名：Occupational Health and Safety Assessment Series18000。中文释义可为18000系列职业安全卫生评价标准；该标准属于一种国际性职业安全卫生管理系统评价标准；OHSAS18000是由英国标准协会协同SGS等全球性主要标准的制订机构、验证机构与专业组织整合诸多的安全卫生管理标准（BS8800：1996、ISA2000：1997、ASINE4801、NE81900等）共同拓展而成；目前ISO国际标准化组织尚未制订安全卫生管理系统的验证标准，但本标准是国际间最具有共识的标准之一，将来有可能转成ISO标准。

2. 实施OHSAS18000系列标准的意义

制订OHSAS18000系列标准的意义：补充了ISO9000和ISO14000系列标准的局限性，为管理标准走向TMS奠定了基石；OHSAS18000系列标准适用于任何类型与规模的组织，并适用于各种地理、文化和社会条件；对防止工伤、尊重人身安全促进安全

与健康，具有推动作用；可促进国际间的贸易。实施 OHSAS18000 标准对组织的益处：

消除贸易壁垒，促进国际贸易；有利于加强过程控制，降低事故损失，尊重员工生命，增强团队意识提供管理和劳动效率；规范安全管理、实行积极预防减少的风险，提高组织的管理水平；提升组织形象，获得相关方的支持；降低并防止经济处罚和经济损失，帮助组织满足有关法律要求。

3. OHSAS18000 系列标准的基本结构

ISO9000 和 ISO14000 一样，是可进行认证的标准，它的实施方式是组织在内部建立的一个相应体系；OHSAS18001：1999（Occupational Health and Safety Management System Specification），中文可直释为：OHSAS18001：1999（职业安全卫生系统规范），为认证用的标准；OHSAS18002：1999（Guidelines for the Implementation of OHSAS18002），为 OHSAS18002 实用指南；OHSAS18001：1999 的内容架构与 ISO9001：2000 和 ISO14001：1995 相响应；遵循 PDCA 持续改进模式设计。

4. OHSAS18000 标准的主要特点

可用各种类型的审核与注册，即可以用于内审、外审和认证注册审核；不设贸易壁垒，同 ISO9000 和 ISO14000 一样，其目的不仅在于避免自身成为新的贸易壁垒，而且努力消除贸易壁垒；非强制性，但支持法律、法规和其他要求在安全与卫生方面的相关内容；评价方法具有统一性，OHSAS18001 为各类组织推行安全卫生管理体系制订了一套可普遍接受和认同的评价标准；强调评价方法的标准性，组织在实施本标准时，要求先进行安全卫生评价和安全卫生风险的分析，在进行体系运行中要求制订并实现目标，所用的信息、数据、资料等均在目标、管理方案和审核中实现统一；强调持续改进，遵循 PDCA 循环管理模式。

5. OHSAS18000 标准的运行模式

体系要素共有五个板块：安全卫生方针、策划、实施与运行、检查和纠正措施、管理评审，并可划分成 17 个体系要素，分列如下。

（1）安全卫生方针：只有安全卫生方针一个要素，构成组织安全卫生管理的宗旨与核心，由组织的最高层制订，以文件的形式表达原则意图。

（2）策划，包括四个体系要素：危害识别、风险评估和控制策划；法律法规与其他要求；目标；安全卫生管理方案。

（3）实施与运行，包括七个体系要素：架构与职责；培训、意识和能力；信息交流；文件化；文件和资料控制；运行控制；应急准备与响应。

（4）检查和纠正措施：包括四个体系要素：绩效测量和监测；意外事件、事故不符合，纠正与预防措施；记录；审核。

(5) 管理评审：由管理评审一个体系要素组成。

它是由组织的最高管理者进行的评审活动，意在组织内外部变化的条件下确保体系的持续有效性、适用性，支持持续改进。

6. 安全卫生管理体系运行模式图（附表 3）

附表 3 安全卫生管理体系 OHSAS18001：1999 标准—环境 ISO14001：1996 标准条款对照表

OHSAS18001：1999	ISO14001：1996
范围	范围
参考标准	引用标准
术语和定义	定义
OH&S 管理系统要素	环境管理体系要求
总要求	总要求
安全卫生方针	环境方针
策划	规划
危害识别、风险评估和控制策划	环境因素
法律法规和其他要求	法律和其他要求
目标	目标和指标
安全卫生管理方案	环境管理方案
实施与运行	实施与运行
架构和职责	结构和职责
培训、意识和能力	培训、意识和能力
信息交流	信息交流
文件化	环境管理体系文件编制
文件和资料控制	文件管理
运行控制	运行控制
应急准备和响应	应急准备和响应
检查和纠正措施	检查和纠正措施
绩效测量与监测	监测
意外事件、事故、不符合、纠正与预防措施	不符合、纠正与预防措施
记录及记录管理	记录
审核	环境管理体系审核
管理评审	管理评审
附录 A：ISO14001、ISO9001	对照附录 B：ISO9001 对照

附录四　全国餐饮业发展规划纲要

中华人民共和国商务部　　2009年1月

餐饮业是重要的服务业，直接关系到人民的生命健康和生活水平。科学发展餐饮业，对于提高人民生活质量、扩大市场消费、拉动相关产业、增加社会就业、促进社会和谐等具有十分重要的作用。

为促进我国餐饮业科学发展，根据党的十七大精神和《国民经济和社会第十一个五年规划纲要》的要求，特制订本纲要。

一、我国餐饮业发展取得的成就

改革开放30多年来，我国餐饮业发展经历了起步阶段、数量型发展阶段、规模化发展阶段和品牌建设阶段，初步形成了投资主体多元化、经营业态多样化、经营方式连锁化、品牌建设特色化、市场需求大众化、从传统产业向现代产业转型的发展新格局。当前我国餐饮业发展正处于建国以来最好的时期，呈现出蓬勃发展的良好态势。

（一）行业规模持续扩大，产权形式趋于多元

餐饮业在国民经济各行业中保持领先地位，2007年，餐饮业实现零售额12352亿元，占全国GDP比重达5%，同比增长19.4%，连续17年保持两位数的高速增长；全年上缴利税逾1155亿元，占全国财政收入2.25%。

餐饮市场细分不断深化，中餐、西餐、中西合璧餐，正餐、快餐，火锅、休闲餐饮、主题餐饮等业态快速发展。随着民营资本和国际资本不断涌入，风险投资和股票上市的成功运作，我国餐饮业产权形式趋于多元化。

（二）品牌经营效应凸现，现代化步伐加快

越来越多的餐饮企业注重品牌经营，餐饮连锁经营扩张步伐加快。2007年，我国限额以上连锁餐饮企业集团共有410家，平均拥有门店数量为41家，平均零售额为1.8亿元。全聚德、小肥羊等知名餐饮企业通过加盟、合资等方式走向海外。现代科技成果不断融入餐饮的产品加工、管理经营、产品开发等各个环节，加速了餐饮业标准化和工业化进程，促使餐饮业从传统手工生产转向现代化生产。

（三）促进消费作用明显，扩大内需贡献突出

餐饮业是居民休闲消费、社交消费、喜庆消费、会展消费和旅游消费的重要组成部分，也是从事商务活动的重要场所。强劲的餐饮消费对化解收入存量、拉动经济发展效

果显著。1991～2007年，餐饮业零售额年均增长22.3%，比同期社会消费品零售总额年均增长高7.2个百分点，增幅位居国民经济各行业前列。2007年，餐饮业零售额占全社会消费品零售总额的1/7。

（四）吸纳就业的主渠道，改善民生的着力点

餐饮业是劳动密集型产业，是农业和工业转移剩余劳动力主要途径，在吸纳劳动力就业方面发挥着重要作用。目前，餐饮就业人数逾2000万，每年新增就业岗位200多万个。很多城市将发展餐饮业作为改善民生的工作抓手，大力兴建便民餐饮网点和美食街区，创造性地开展大众化餐饮和早餐工程等工作，促进居民生活水平不断提高。

（五）推进城市化进程，助推新农村建设

发展餐饮业，有利于转移农村剩余劳动力、提高农民收入，推动建立现代化的原料种植、养殖基地，促进农业结构调整，带动食品加工业发展，加快城乡一体化进程，推动社会主义新农村建设。

二、我国餐饮业发展面临的机遇与挑战

（一）历史机遇

（1）国家扩大内需的方针为餐饮业发展带来新空间。未来一段时期，我国宏观经济形势将继续保持平稳健康运行，大力发展餐饮业符合中央扩大内需的方针。随着社会经济的发展和人民生活水平的提高，城乡居民生活方式不断变革，对餐饮业的发展提出了新要求，健康、环保和绿色消费成为时尚。我国餐饮市场将进一步扩大，并带动种植业、养殖业、食品加工业、建筑装潢业、制造业、教育培训业等相关产业联动发展，更好地发挥扩大内需的积极作用。

（2）国家加快服务业发展战略为餐饮业发展带来新机遇。目前我国服务业总量相对较小，2007服务业产值比重不到40%，与全球服务业产值平均比重60%（发达国家超过70%）相距甚远。党的十七大报告提出“加快发展现代服务业，提高服务业的比重和水平”。国务院《关于加快发展服务业的若干意见》及国务院办公厅《关于加快发展服务业若干政策措施的实施意见》，为服务业加快发展奠定了良好政策基础，为餐饮业发展带来难得的机遇。

（3）经济全球化为餐饮业发展带来新生机。加入WTO后，大量的外资、外企进入我国，不同饮食习惯和文化背景的外国人汇聚我国，为我国餐饮业发展提供更大空间。我国对外开放加速，世界知名的餐饮企业将更多地进入我国市场，国外先进的管理经验、科学的运作模式和经营理念等更深地融入我国餐饮企业。与此同时，中式餐饮正在加快“走出去”步伐，北京奥运会的成功举办以及上海世博会等大型活动的举办，为弘

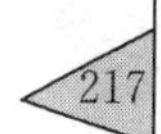

扬中华餐饮文化提供了新舞台。

（二）主要挑战

我国餐饮业发展面临的挑战既有行业自身发展过程中伴随的问题，也有来自国外餐饮的竞争压力。

（1）法规建设滞后。目前，我国餐饮行业缺乏规划引导，在快速发展中有盲目、无序和低水平发展的现象。尚未建立适用于餐饮业的国家级法规，缺乏系统严格的市场准入制度和强制性标准，餐饮企业的标准参差不齐，内容不全面、技术知识含量低，缺乏全国统一性。

（2）市场秩序有待规范。我国餐饮业缺乏统一的行业执法，市场秩序不规范，餐饮环境不卫生，食品安全问题时有发生，市场管理和行业管理跟不上形势发展需要。

（3）餐饮结构失衡。由于竞争加剧、经营成本不断上涨，大众化餐饮在一些地区发展很不平衡。行业内高档餐饮势头强劲，中低档餐饮服务明显不足。

（4）产业化程度偏低。我国餐饮业总体仍处于小、散、弱的状态，90％以上的餐饮企业为小企业，2007年规模最大的100家餐饮企业营业额仅占整个餐饮市场的8.5％。与国际知名餐饮公司相比，中国知名餐饮公司的企业规模、盈利能力、管理水平和经验等差距较大。此外，餐饮业上游供货商不成熟，农业、牧业、农副产品食品初加工过于分散、生产初级，物流配送体系不健全。

（5）餐饮人才不济。餐饮教育科研滞后，全国没有本科烹饪院校，餐饮职业经理人队伍培养和专业培训工作滞后。行业人员素质不高，缺乏高层管理人才和烹饪技术人才。尤其是厨师资格认证混乱，名师大师认证失范，出现花钱买证现象。外资餐饮企业以各种优惠条件吸引中餐技术、管理、服务、文化等方面人才，导致中餐企业人才大量流失。

（6）中外餐饮企业竞争加剧。与国外餐饮相比，国内餐饮企业在硬件、软件，尤其是在管理、服务方面的差距较大。加入WTO后，更多外资餐饮企业的进入加剧我国餐饮行业的竞争。国外餐饮企业进入中国，对我国餐饮经营理念、服务质量标准、文化氛围、饮食结构、从业人员素质要求等将产生深刻影响。而中国本土品牌餐饮走出去步伐较慢，竞争力不强。在国外，中餐企业大多表现为规模小、环境不佳、服务不到位，中餐特色不明显。在国内，中餐企业面临着外国品牌餐饮企业的挤压。

三、餐饮业发展指导思想、发展目标和主要任务

（一）指导思想

以科学发展观为指导，坚持以人为本，在传承、创新的基础上，大力发展大众化餐饮、绿色餐饮，统筹城乡餐饮发展，拓展现代经营方式，提高产业集聚度，逐步形成各

类餐饮业态互为补充、相互渗透，高、中、低档餐饮协调发展，中外餐饮相互融合，区域餐饮特色鲜明，大众化餐饮较为普及的现代化餐饮发展新格局，不断满足人们日益增长的餐饮需求，为全面建设小康社会、构建和谐社会作贡献。

（二）发展原则

（1）以人为本。努力提供丰富多样的餐饮产品，搞好食品安全，注重营养保健，满足人民群众不断增长的餐饮需求。

（2）因地制宜。坚持从实际出发，突出地方特色，发挥比较优势，形成不同地域的差异化餐饮风格。

（3）突出重点。明确发展重点，狠抓餐饮龙头企业，培育餐饮品牌，力求重点突破。

（4）分类指导。各地针对不同餐饮业态的不同特点，制订不同的标准规范，予以分类指导，促进其科学发展。

（5）传承创新。要在弘扬中华餐饮文化精髓的同时，不断进行管理、服务和产品创新，改良创新菜系、菜品，满足餐饮消费需求。

（三）发展目标

到2013年，全国餐饮业将保持年均18%的增长速度，零售额达到3.3万亿元；培育出地方特色突出、文化氛围浓烈、社会影响力大、年营业额10亿元以上的品牌餐饮企业集团100家；全国餐饮业吸纳就业人口超过2500万人；在全国大中城市，建设800个主食加工配送中心和16万个连锁化、标准化的早餐网点，规范一批快餐品牌，初步形成以大众化餐饮为主体，各种餐饮业态均衡发展，总体发展水平基本与居民餐饮消费需求相适应的餐饮业发展格局。

（四）主要任务

1. 提高餐饮规范化水平

建立健全餐饮业标准体系，加大餐饮业行业标准的推广实施力度，全面提升行业标准化水平，有条件的要建立餐饮业标准化培训、推广、示范中心。建立健全餐饮企业信用体系，引导企业开展规范经营、诚信经营。严格餐饮企业采购环节管理，建立食品和原材料的采购追溯制度。规范餐饮市场秩序，重点加强卫生、质量等方面的规范化管理。建立健全企业、消费者、政府部门和新闻媒体“四位一体”的监督管理体系，促进餐饮业健康有序发展。

2. 增强餐饮便利化功能

要将餐饮业统一纳入城市发展总体规划和城市商业网点规划，把发展大众化餐饮与城市改造和社区商业建设紧密结合起来，在新区建设和老城改造过程中，合理配置餐饮网点，完善服务功能，使大众化餐饮网点与社区居民需求相适应，具备条件的城市可集中建设餐饮美食街、餐饮特色街等大众化餐饮街区。

3. 加快餐饮现代化步伐

大力推广现代管理模式，加快发展连锁经营、网络营销、集中采购、统一配送等现代流通方式；加快发展加盟连锁和特许连锁，积极引进世界知名的餐饮连锁公司，促进我国传统餐饮业的改造。大力发展特色餐饮、快餐送餐、餐饮食品等多种业态的连锁经营。培育一批跨区域、全国性的餐饮连锁示范企业。

积极运用现代科学技术手段，鼓励引进先进的食品加工、制作和包装技术；加快餐饮业信息化步伐，推广建立餐饮呼叫中心，构建移动餐饮服务平台，提供快捷的电话订餐查询和订餐服务，在餐饮数据库、行业资讯、美食搜索、在线订餐、电子商务等方面提供现代化餐饮服务。

4. 提升餐饮品牌化水平

鼓励创立餐饮品牌，实现企业发展多元化、系列化、功能化。以餐饮品牌带动相关产品或品种的开发与销售，以品牌信誉吸引外商投资，扩大生产规模，提高生产技术和经营管理水平，扩展经营领域。

5. 推进餐饮产业化发展

积极实施餐饮产业聚集战略，加强纵向与横向的餐饮协作，鼓励资本运作，推进餐饮业集约化生产，通过大力发展餐饮业连锁经营、特许加盟店等形式，加快我国餐饮企业集团化、规模化步伐。

6. 加快餐饮国际化进程

要把中国餐饮文化的优良传统与世界先进的餐饮文化结合起来，吸收国外先进的经营理念、先进技术，建设有中国特色的现代化餐饮，提升中餐国际竞争力。重点引导有实力、品牌效应好的中餐企业到国外开办餐馆，占领国际餐饮市场。

四、餐饮业发展格局

（一）餐饮类别格局

努力形成各类餐饮互为补充、相互渗透的餐饮发展新格局。

(1) 传统正餐。包括酒楼、饭庄、宾馆餐厅等在内的主流餐饮店，以经营传统饭菜为主，兼供酒水饮料等。重点推动菜品创新和菜系融合，增加服务功能和提升服务

水平。

(2) 快餐小吃。包括快餐店、小吃城、面馆、饺子馆等形式，基本上以满足消费者的日常基本饮食需求为主。重点发展特色餐饮，加强卫生安全管理，提高成品和半成品的机械化程度，完善中心厨房建设，增强便利化程度。

(3) 休闲餐饮。包括茶餐厅、饮品店、咖啡馆等。重点完善基础设施，改造环境，增强其旅游服务功能，形成以餐饮为主，集休闲、娱乐、洽谈、表演、健身等于一体的餐饮形式。

(4) 其他餐饮。包括团体膳食、外卖店、主题餐厅等其他餐饮形式。重点发展规模生产加工，发展连锁经营，完善配送及服务功能，增强食品安全，培育知名品牌，建立信用体系。

(二) 餐饮空间格局

1. 区域餐饮格局

在对传统菜系改良、创新的基础上，建设五大餐饮集聚区。

(1) 辣文化餐饮集聚区：以四川、重庆、湖南、湖北、江西、贵州为主的餐饮区域。重点建设重庆美食之都、川菜产业化基地、长沙“湘菜文化之都”和湖北淡水渔乡，引导江西香辣风味、贵州酸辣风味餐饮发展。

(2) 北方菜集聚区：以北京、天津、山东、山西、河北、河南、陕西、甘肃及东北三省为主的餐饮区域。重点建设鲁菜、津菜、冀菜创新基地，建立辽菜、吉菜、龙江菜研发基地，大力推广山西、甘肃等地面食文化。

(3) 淮扬菜集聚区：以江苏、浙江、上海、安徽地区为主的餐饮区域。重点建设淮扬风味菜、上海本帮菜、浙菜、徽菜创新基地，建设中餐工业化生产基地。

(4) 粤菜集聚区：以广东、福建、海南等地为主的餐饮区域。重点建设粤菜、闽菜创新基地。

(5) 清真餐饮集聚区：以宁夏、新疆、甘肃、内蒙古、青海、西藏等地区为主的餐饮区域。重点建设乌鲁木齐“中国清真美食之都”、兰州“中国牛肉面之乡”和宁夏清真食品工业化生产基地。

2. 城市餐饮格局

形成高中低档餐饮协调发展的城市餐饮格局，着力发展三大城市餐饮集聚群：

(1) 商务餐饮集聚群：以满足商务活动为目标，在大中城市的中心商务区，建设若干商务餐饮集聚群。

(2) 中低餐饮集聚群：以满足家庭节庆消费为目标，在城市流动人口集中区，建设若干美食一条街。

(3) 社区餐饮集聚群：以满足家庭日常消费为目标，在居民社区，建设各具特色、老少皆宜的餐饮门店。

3. 农村餐饮格局

提升农村餐饮的卫生水平，规范发展“农家乐”，开发乡土菜肴和民族特色小吃，提高农村餐饮服务质量和水平。

五、餐饮业发展重点

(一) 着力发展大众化餐饮

大众化餐饮是指面向广大普通消费者，以消费便利快捷、营养卫生安全、价格经济实惠等为主要特点的现代餐饮服务形式。要以规划、标准和政策支持为保障，以实施早餐工程为突破口，以餐饮龙头企业为依托，以店铺式连锁经营为主体，送餐和流动销售为补充，加快推进大众化餐饮的规模化发展。要切实解决大众化餐饮企业的网点经营权和基础设施建设问题，引导和支持餐饮龙头企业整合现有资源，延展服务网络，实现加工配送中心或中心厨房的合理布局和服务功能的提升。充分发挥主食加工配送中心在解决大中城市早餐供应等大众化餐饮中的作用，2010 年前，在各大中心城市建设一批主食加工配送中心。

(二) 建设餐饮产业化基地

鼓励建立餐饮产业化基地。餐饮龙头企业通过整合现有资源积极发展直营网点，或通过特许加盟方式开展规模化经营，实行统一生产、加工和配送，有条件的还可将业务延伸到餐饮原辅料种植基地建设。着力建设一批餐饮原辅料基地：

(1) 长江中上游山野菜蔬基地：主要包括贵州、四川、重庆、湖南、湖北、江西等地。

(2) 长江中下游河鲜基地：主要包括湖北、安徽、浙江、江苏、上海等地。

(3) 黄河流域牲畜基地：主要包括内蒙古、甘肃、河北、山西、陕西、河南、山东等地。

(4) 岭南地区家禽基地：主要包括广东、广西、海南、福建等地。

(5) 西北清真食品原料基地：主要包括甘肃、青海、宁夏、新疆等地。

(三) 加快推进餐饮工业化

加强餐饮工业化生产研发，把技术开发、技术创新与技术引进有机结合起来，不断提高中餐工业化水平。研制先进生产线，实现中式菜点成品和半成品工业化生产。积极发展中式快餐，走工厂化、标准化、连锁化、规模化和因地制宜的道路。鼓励发展便民

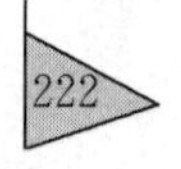

利民的新型加工食品，引导大型餐饮企业建立中心厨房。重点建设上海市、常州市餐饮工业化基地。

（四）培育一批餐饮品牌

培育一批拥有自主知识产权和知名品牌、具有国际竞争力的大型餐饮企业集团。进一步推进餐饮企业等级划分工作，各中心城市要加快培育5～10个餐饮影响力大、带动性强的餐饮品牌。

保护并弘扬老字号餐饮品牌，积极引导老字号开拓创新，融入现代消费理念，提升老字号整体形象。鼓励支持老字号餐饮企业开拓特许经营业务，进一步提高企业的知名度。开展多种形式的中餐企业国外巡回展，引导中餐企业加快“走出去”步伐。

（五）大力发展节约型餐饮

要在食品生产、流通、消费的各个环节，自觉以节能、节水、节材、节地和资源综合利用等为重点。加快推广厨房现场管理（6T管理）法；建立食堂、饭店等餐饮场所“绿色餐饮”文明规范；实施“绿色照明”工程，推广使用节能型设备，提倡用清洁能源代替污染能源；采用环保技术、进行清洁生产减少废弃物；大力开展餐厨垃圾的回收利用，发展节约型餐饮；减少使用一次性餐具和用具；对废品、废水包括泔水严加控制管理、防止污染；禁止使用保护动物、保护植物为原料，尽可能使用绿色原料，创办绿色餐厅；积极提倡分餐制。

（六）鼓励企业管理创新

鼓励餐饮企业进行产品创新。强化菜肴研究和服务研究，不断改进老品种，引进新品种，创名牌菜点，运用多种服务方式。加强成本管理，降低原材料进价，提高原材料利用率。建立绩效奖励机制，对管理业绩卓越的职业经理人、菜肴改革创新成功的厨师、顾客满意度很高的服务员予以奖励。

（七）加强人才基地建设

产学结合、校企结合，着力培养符合社会需求的高素质餐饮人才。积极发展烹饪中等职业教育和烹饪高等教育；加强餐饮培训工作，提高培训质量，规范职业资格认证。推广餐饮业职业经理人制度，开展餐饮业职业经理人认定和技能大赛等活动。鼓励建立餐饮人才培养基地，重点建设上海、武汉、合肥、长春、成都、济南等城市餐饮人才培训基地。

（八）做好中餐申遗工作

中华烹饪作为中华文化重要组成部分，也是非物质文化遗产的重要载体。要加强对

“中华烹饪”文化要素、技艺的研究，积极向联合国教科文组织申报工作，加快将“中华烹饪”纳入世界非物质文化遗产的进程，弘扬中华饮食文化。

六、保障餐饮业科学发展的主要政策和措施

（一）加强法规制度建设

加快制订餐饮业管理的国家级和地方性法规，建立健全行业法规体系。要制订餐饮业发展规划，并将其纳入城市商业网点规划。健全餐饮标准体系建设，尽快制订一些餐饮业国家标准和行业标准。加强餐饮业统计工作，建立统计调查体系，增强行业运行分析。开展餐饮创新理论研究，深入研究行业发展过程中面临的新情况、新问题，有针对性地提出解决的政策措施。

（二）政府部门形成合力

各地商务主管部门要加大协调力度，积极会同当地发改委、财政、税务、工商、质检、卫生、市政、交管等部门，研究制订促进餐饮发展的政策措施。要落实好餐饮企业在农副产品采购、吸纳下岗工人再就业和技术创新等方面的优惠政策；落实连锁经营企业实行总部统一办理工商注册登记、简化经营审批手续等政策；在用地选址、网点规划、工商登记、卫生监管、财政支持、税收优惠、减免收费以及便利运输等方面，为大众化餐饮经营企业创造良好条件；要积极贯彻实施十七届三中全会确立的农民流转土地承包经营权制度，集中设立连片的餐饮基地，实现规模化的餐饮原辅料基地和产业化基地建设；要推动尽快将餐饮业与工业一视同仁，在水电气方面给予等价待遇；对大众化餐饮企业用水适用居民用水价格；通过建立重点餐饮企业联系制度，在舆论宣传、政策导向、市场开发、技术引进、扶持上市等方面予以帮助。

（三）加大投入支持力度

要积极运用财政资金，支持全国性餐饮产业化基地、餐饮原料基地、餐饮工业化基地和餐饮人才基地的建设；支持餐饮企业技术创新，建设餐饮公共服务设施；支持以改善民生为核心的早餐工程、城市中心厨房建设，鼓励餐饮企业发展连锁经营，开展集中采购和统一配送。商务部将利用境外经贸合作区建设的有利条件和有关政策，根据合作区功能配套的需要，采取有效措施鼓励具备条件的餐饮企业到境外经贸合作区内建店设点，在为园区服务和累积经验的基础上，进一步拓展所在国餐饮服务市场。

积极支持符合条件的重点餐饮企业通过银行贷款、发行股票债券等多渠道筹措资金。支持符合条件的餐饮企业通过银行贷款、发行股票债券、上市融资等多渠道筹措资金。积极搭建中小餐饮企业融资平台，国家和地方的中小企业发展专项资金给予重点资助或贷款贴息补助。加大对粮油生产者和规模化养殖户的信贷支持力度，创新担保方

式，扩大抵押品范围，强化餐饮产业链建设。

（四）加大宣传贯彻力度

加大餐饮舆论宣传，形成加快餐饮业特别是大众化餐饮发展的社会舆论氛围。加强典型引导，推广餐饮先进经验。广泛宣传节约型餐饮，引导科学饮食、健康消费。

加强餐饮标准和规范的贯彻落实。认真贯彻实施《早餐经营规范》等餐饮业国家标准和行业标准，进行贯标达标培训和检查验收。

（五）充分发挥协会作用

充分发挥餐饮行业协会等中介组织的作用，支持行业协会在加强行业自律、维护企业利益、沟通行业信息、加强业务交流、推广先进技术以及人员培训等方面做好工作。

（六）抓好《全国餐饮业发展规划纲要》实施工作

《全国餐饮业发展规划纲要》（简称《纲要》）的实施，关系到民生福祉，关系到全面建设小康社会目标的实现，关系到和谐社会的构建。要切实加强对《纲要》实施的组织领导，各级商务主管部门要切实负起责任，加强具体指导，加强与相关部门的协同合作，共同推动《纲要》的组织实施。

附录五　2008～2009年中国快餐企业表彰名单

（排名不分先后　信息来源　中国快餐联盟网）

一、中国最具影响力快餐品牌

肯德基——百胜餐饮基团中国事业部
麦当劳——麦当劳（中国）有限公司
味千拉面——味千（中国）控股有限公司
真功夫——真功夫餐饮管理有限公司
大娘水饺——江苏大娘水饺餐饮有限公司
丽华快餐——丽华快餐集团公司
马兰拉面——马兰拉面快餐连锁有限责任公司
新亚大包——上海新亚大家乐餐饮有限公司
面点王——深圳面点王饮食连锁有限公司
吉野家——北京吉野家快餐有限责任公司
老家肉饼——北京老家快餐有限责任公司
嘉旺城市快餐——深圳市嘉旺餐饮连锁有限公司

世好吉祥——上海世好餐饮管理有限公司
金德利——山东金德利集团快餐连锁有限公司
苏氏企业——乌鲁木齐市苏氏企业发展有限公司
桂林人——桂林人集团发展有限公司
四方——宁波海曙新四方美食有限公司

二、中国优秀快餐品牌

和合谷——北京和合谷餐饮管理有限公司
永和大王——北京永和大王餐饮有限公司
聚德华天——聚德华天控股有限公司
食为天——天津食为天快餐食品有限公司
东方饺子王——东方饺子王连锁经营有限责任公司
来必堡——宁波市来必堡餐饮有限公司
万和春——青岛万和春餐饮管理有限公司
新尚——青岛新尚餐饮有限公司
老娘舅——老娘舅餐饮管理有限公司
三品王——南宁三品王饮食有限责任公司
金鼎——兰州金鼎牛肉面有限公司
肥西老母鸡——合肥肥西老母鸡餐饮有限责任公司

三、中国优秀团膳企业

宝钢发展有限公司餐饮管理公司
河北千喜鹤饮食股份有限公司
武钢企发快餐食品饮料公司
上海龙神餐饮有限公司
天津泰达标准食品公司
大连亚惠快餐有限公司
上海珍鼎餐饮服务有限公司
北京建国快餐有限公司
上海交大后勤发展有限公司
江西中快餐饮（集团）发展有限公司

四、中国优秀早餐企业

苏州一百放心早餐工程有限公司
北京金三元阳光餐饮有限公司

北京龙盛众望早餐有限公司
西安古都华天放心早餐工程有限公司
江阴大华食品有限公司
江苏淮安苏食放心早餐工程有限公司
深圳市金古园实业发展有限公司
南宁万宇食品有限公司

五、中国快餐创新模式

青岛八方一品饮食文化有限公司

六、中国最佳快餐战略合作伙伴

可口可乐（中国）饮料有限公司

七、中国烹饪协会快餐专业委员会采购基地名单

山东潍坊开发区华裕实业有限公司
希杰（青岛）食品有限公司
郑州思念食品有限公司
河南众品食业股份有限公司
山东华杰厨业有限公司
北京益友公用设备有限公司
东莞顺大耐美皿制品有限公司
恒鹏（苏州）设备有限公司
广东星星制冷设备有限公司
南京乐惠轻工装备制造有限公司
天津市商软信息系统开发有限公司

主要参考文献

艾启俊，陈辉. 2006. 食品原料安全控制. 北京：中国轻工业出版社.

艾永才，诸芸. 2007. 无锡新区快餐卫生状况调查. 职业与健康，23（1）：26.

曹继刚. 2006. 快餐纸包装的发展趋势. 包装装潢，239（2）：76～78.

曹仲文. 2007. 厨房器具与设备. 南京：东南大学出版社.

陈景华. 2003. 快餐食品常用的软塑包装材料. 印刷技术，6：23～25.

陈松平，诸晓岚，王晓峰. 2006. 无锡市快餐中毒情况分析及对策. 职业与健康，22（5）：18.

陈志成. 2005. 食品法规与管理. 北京：化学工业出版社.

辜惠雪. 2003. 咖啡馆轻食. 汕头：汕头大学出版社.

归风铁，李明，徐照仙. 2003. 生物降解性快餐包装材料的研究及应用进展. 信阳师范学院学报（自然科学版），16（3）：365～367.

何江红. 2007. 传统食品的快餐化. 四川烹饪高等专科学校学报，19～21.

何江红. 2007. 烹饪化学. 北京：中国劳动社会保障出版社.

何江红. 2008. 成都市大学生快餐调查报告. 四川烹饪高等专科学校学报，32～34.

何江红. 2008. 火车快餐存在的问题及发展对策探析——基于成都地区火车旅客消费行为的调查. 扬州大学烹饪学报，31～43.

侯莉侠，侯俊才，孙骊，等. 2005. 绿色可食性餐具的开发研究. 农机化研究，2：218～220.

季建岗. 2006. 食品安全卫生质量管理体系实施指南. 北京：中国医药科技出版社.

蒋云升. 2006. 烹饪卫生与安全学. 北京：中国轻工出版社.

金征宇. 2005. 食品安全导论. 北京：化学工业出版社.

劳动和社会保障部教育培训中心. 2003. 营养配餐员. 北京：中国劳动社会保障出版社.

李锦光，林泰清. 2008. 气调保鲜包装技术对快餐食品保质期探讨. 医学动物防制，24（4）：306～308.

刘长虹. 2006. 蒸制面食生产技术. 北京：化学工业出版社.

陆理民. 2004. 西餐烹调技术. 北京：旅游教育出版社.

马淑敏，冯宽. 1980. 营养与烹饪. 吉林：吉林人民出版社.

孟凡乔. 2005. 食品安全性. 北京：中国农业大学出版社.

曲径. 2007. 食品卫生与安全控制学. 北京：化学工业出版社.

魏新军. 2007. 食品卫生. 北京：化学工业出版社.

吴晓彤. 2005. 食品法律法规与标准. 北京：科学出版社.

肖崇俊. 2002. 现代西式快餐制作. 北京：中国轻工业出版社.

肖崇俊. 2006. 现代中式快餐制作. 北京：中国轻工出版社.

肖建中. 2004. 麦当劳大学——标准化执行的66个细节. 北京：经济科学出版社.

谢定源. 2001. 四川小吃. 北京：中国轻工业出版社.

杨铭铎. 2005. 中国现代快餐. 北京：高等教育出版社.

翟玮玮，赵晴. 2004. 食品生产概论. 北京：科学出版社.

张婷婷. 2009. 现代包装设计趣味性研究. 艺术与设计，2：102～104.

张晓燕. 2006. 食品卫生与质量管理. 北京：化学工业出版社.

赵建民，沈建龙. 2002. 餐饮定价策略. 沈阳：辽宁科学技术出版社.

赵林度. 2006. 零售企业食品安全信息管理. 北京：中国轻工业出版社.

中国快餐联盟. 2007. 品牌之路：赢在中国快餐. 北京：中国市场出版社.

周淑玲. 2001. 巧手做面包. 上海：科学普及出版社.

周晓燕. 2000. 烹调工艺学. 北京：中国轻工出版社.

http://ask.koubei.com/question/1406120315784.html

http://baike.baidu.com/view/1189607.htm

http://baike.baidu.com/view/1336369.htm

http://baike.baidu.com/view/13869.htm

http://chanye.finance.sina.com.cn/sp/2006-12-22/308436.shtml,2006-12-22

http://data.book.hexun.com/418481.shtml,2003-07-18

http://data.book.hexun.com/chapter-368-12-16.shtml

http://economy.enorth.com.cn/system/2005/03/25/000991296.shtml,2005-03-25

http://finance.sina.com.cn/roll/20060427/1141670009.shtml

http://guide.ppsj.com.cn/art/7856/cdbzzljzgfzcbzhbsnt/,2007-11-23

http://guoshu.aweb.com.cn,2009-05-31

http://health.sohu.com/20080422/n256438474.shtml,2008-04-22

http://jasmineltx.ycool.com/post.2599860.html

http://join.lenso.cn/kuaican/zgkcgld.htm,2008-07-19

http://join.lenso.cn/kuaican/zgks.htm,2008-07-23

http://news.china.com/zh_cn/focus/mcdonalds/10003323/20020320/10228805.html, 2002-03-20

http://news.xinhuanet.com/world/2007-01/14/content_5604839.htm,2007-01-14

http://sh.sina.com.cn/20051013/211956422.shtml

http://space.taobao.com/blog/038ca8df1033e51b6449c90d47e58224/myindex/show_blog4-19646582.htm

http://www.31food.com/News/Detail/1671.html, 2008-10-31

http://www.6eat.com/default/magazine/show.aspx? id=389,2006-07-20

http://www.6eat.com/default/magazine/show.aspx? id=811

http://www.90598.com/news/newsread.asp? id=829

http://www.90598.com/news/newsread.asp? id=8293

http://www.canyin.com/news/2008-7/3116591860967673.html,2008-07-30

http://www.cctv.com/news/science/20060515/102551.shtml

http://www.cctv.com/news/science/20060515/102551.shtml

http://www.cffw.net/cms/News_View.asp? NewsID=13

http://www.cfi.net.cn/p20090717000881.html

http://www.china.com.cn/chinese/zhuanti/288418.htm, 2003 - 03 - 06

http://www.chinesetax.com.cn/caishuiwenku/gongshangguanli/anliyanjiu/200502/23798.html

http://www.cnfoodsafety.net/html/dkz/20080714/3815.html,2008-07-14

http://www.cy110.com/web/169459.html

http://www.cylsjy.com/jdgl/ShowArticle.asp? ArticleID=17572,2009-04-06

http://www.cyol.net/health/content/2009-01/14/content_2509025.htm, 2009-01-14.

http://www.globrand.com/2009/174639.shtml

http://www.gsiic.com/Article/200710/20071011153539_39262.html,2007-10-11

http://www.jyb.cn/xwzx/jcjy/tyws/t20080611_170265.htm,2008-06-11

http://www.kclm.org/hyxiangxi.asp? id=3169

http://www.kclm.org/News.asp? id=1306,2007-03-20

http://www.meishij.net/s/zhou/

http://www.okimg.com/Design2006/art-design-print-5789_2.html,2006-07-12

http://www.scst.gov.cn/info/cFL4LKR526.jsp? infoId=B000021622,2007-10-23

http://www.sc.xinhuanet.com/content/2009-01/04/content_15359012_1.htm,2009

http://www.sxftc.edu.cn/course/school/scyx/My%20Web%20Sites000/index127.htmhttp://www.tech-food.com/news/2006-4-1/n0055702.htm

http://www.topbiz360.com/html/school/qiyeguanli/20070816/6116.html,2007-08-15

http://www.wangchao.net.cn/bbsdetail_451190.html,2006-07-20

http://www.ytbao.com.cn/newsdetail.jsp? type_id=8&board_id=56&news_id=404,2006-06-15

http://zhidao.baidu.com/question/98651943.html